# データ構造とプログラミング

鈴木一史

（改訂版）データ構造とプログラミング（'18）


装丁・ブックデザイン：畑中　猛

s-49

# まえがき

近年，様々な分野でコンピュータが使われ，ソフトウェアが大きな役割を果たしています。ソフトウェアが正しく動作することはたいへん重要です。さらに，ソフトウェアは効率の良い動作をしなくてはなりません。いくら高性能なハードウェアを用いてもソフトウェアに使われているアルゴリズムやデータ構造が不適切なものであれば，ハードウェアの性能を十分に生かすことはできません。一般的に，ハードウェアは変更が困難ですが，ソフトウェアは変更が可能であり，アルゴリズムの改良でソフトウェアの動作を改善し，高速化することができます。これがソフトウェアの魅力的な部分といえるでしょう。現在，ソフトウェアに対する需要は高まっており，ソフトウェアを作成するプログラミングの知識を持った技術者や研究者が必要とされています。

プログラミングを行う環境は進化しており，様々なオペレーティングシステム上で動作する高性能なコンパイラやインタプリタによって高度なプログラミングが可能になっています。また，プログラミングを学習するための書籍やウェブサイトも多数存在し，アイディア次第で素晴らしいソフトウェアを作ることもできるでしょう。近年のコンピュータは安価ですが，一昔前のスーパーコンピュータ並みの性能を持っています。高速な処理ができるだけでなく，驚くほど大容量のメモリを扱うことも可能です。これによって，古典的な数値演算だけでなく，画像，音声，動画像，三次元データ等に関する処理も身近なものになってきています。

本書で扱うのは，初歩的なアルゴリズムや基本的なデータ構造です。適切なデータ構造を使うことによって，プログラムは劇的な高速化やメモリ等の資源の大幅な節約が可能です。実際に様々なデータ構造のコードをコンピュータで実行し，その違いを体感してください。コードの例には，主にC言語を使っていますが，容易に他のプログラミング言語に変換できるでしょう。読者の皆様には，計算機科学に対する知識を深めるとともに，プログラミングを楽しんでいただければと思っています。

受講に関する注意
本科目を受講する前に，コンパイラのインストール方法，オペレーティングシステムや基本的なプログラミングに関する知識があると良いでしょう（変数，データ型，条件分岐，繰り返し処理，関数，ファイル，構造体，ポインタ等）。プログラミング入門書などでプログラミングの基礎を学習してから本科目を受講した方がスムーズにデータ構造の学習が進みます。

2017年12月　放送大学　准教授
鈴木　一史

# 目 次

# 1 配　列

**《目標とポイント》** 基本的な配列の仕組みと構造について学習する。また，多次元の配列や構造体を要素にもつ応用的な配列構造について理解する。さらに，配列へのデータの挿入，削除，探索などの基本的な操作や計算量などについて学ぶ。
**《キーワード》** 配列，配列の仕組み，挿入，削除，探索，線形探索，二分探索，計算量

## 1．配列の仕組み

### 1.1　配列と添字

配列（array；はいれつ）は，同じデータ型となる要素を集めたものである。配列の要素を指定するための通し番号は，添字（index;そえじ）と呼ばれる。図1-1は配列と添字の関係を示したものである。この図の例では，格納できる要素数が10個の配列に，10個のデータが格納されている。配列の各要素は添字を利用して参照することができる。

多くのプログラミング言語では，添字には整数値が使われる。そして，その値は0や1からスタートする。しかし，プログラミング言語によっては，例外もあり，−1，−2のように負の値の添字を使うことができるものもある。また，連想配列と呼ばれるような，整数以外の文字列などの添字を使うことができるプログラミング言語もある。通常，配列の要素には同じデータ型しか使えないが，異なるデータ型を混ぜて使える配列

というものも存在する。

| 383 | 886 | 777 | 915 | 793 | 335 | 386 | 492 | 649 | 421 |
|---|---|---|---|---|---|---|---|---|---|
| 0 | 1 | 2 | 3 | 4 | 5 | 6 | 7 | 8 | 9 |

**図1-1　配列と添字**

コード1.1は，要素数10の配列の中に0から999まで範囲の乱数を入れていくC言語のコードである。この例では，#define文が使われている。コードでは，①配列の要素数の宣言，②乱数を配列の中に入れていくforループ，③配列内の数値を表示するforループの3箇所で，#define文で設定されたARRAY_SIZEが記述されている。コードでは，ARRAY_SIZEの値が10に設定されているが，配列の要素数を変更したい場合，#define文で設定するARRAY_SIZEの値の1箇所を変更するだけでよい。これによってプログラムの変更箇所を減らすことができるため，コードの変更し忘れなどのバグを減らす効果がある。

rand関数は，0以上，RAND_MAXで定義された値以下の疑似乱数整数を返す。"%"記号はモジュロ演算（modulo arithmetic）で，剰余の計算をする。剰余は除算において被除数のうち割られなかった部分の数である。このコードの例の場合，0から999までの範囲の整数値の乱数が計算される。ただし，コード1.1の出力結果の値はシステムによって異なる。なお，0以上で$n$より小さな数を得るとき，乱数発生で下位のビットはランダム性が低いことから，rand( ) /（RAND_MAX/$n$+1）といった乱数の計算式も使われる。

[ c1-1.c ]

```
/* code: c1-1.c   (v1.18.00) */
#include <stdio.h>
#include <stdlib.h>

#define ARRAY_SIZE 10

int main ()
{
  int a[ARRAY_SIZE];
  int i;

  for (i = 0; i < ARRAY_SIZE; i++)
    a[i] = rand () % 1000;

  for (i = 0; i < ARRAY_SIZE; i++)
    printf ("%03d ", a[i]);

  return 0;
}
```

[出力]

```
383 886 777 915 793 335 386 492 649 421
```

**コード1.1：乱数を配列へ代入する**

## 1.2　多次元配列

多くのプログラミング言語では，多次元配列（multidimensional array）を利用することができる。コード1.2は，2次元の配列を扱った例である。このプログラムでは，図1-2に示すような3行（rows）×4列（columns）の整数型の2次元の配列を作成し，値を代入した後に二重のforループによって配列内の値を出力する。2次元配列の各要素は，iとjの2つの添字を使うことによってアクセスできる。2次元の行列データや2次元画像データなど，2次元の配列を用いることで処理がわかりやすくなるデータは非常に多い。

| | C0 | C1 | C2 | C3 |
|---|---|---|---|---|
| R0 | a[0][0] | a[0][1] | a[0][2] | a[0][3] |
| R1 | a[1][0] | a[1][1] | a[1][2] | a[1][3] |
| R2 | a[2][0] | a[2][1] | a[2][2] | a[2][3] |

図1-2　2次元配列の例（3行×4列）

[ c1-2.c ]

```
/* code: c1-2.c   (v1.18.00) */
#include <stdio.h>

int main ()
{
  int i, j;
  int a[3][4] = {
    {100, 200, 300, 400},
    {500, 600, 700, 800},
    {900, 1000, 1100, 1200}
  };

  for (i = 0; i < 3; i++) {
    for (j = 0; j < 4; j++) {
      printf ("array[%d][%d]=%4d¥n", i, j, a[i][j]);
    }
  }

  return 0;
}
```

[出力]

```
array[0][0]= 100
array[0][1]= 200
array[0][2]= 300
array[0][3]= 400
array[1][0]= 500
array[1][1]= 600
array[1][2]= 700
array[1][3]= 800
array[2][0]= 900
array[2][1]=1000
array[2][2]=1100
array[2][3]=1200
```

**コード1.2：2次元配列の利用例**

## 1.3　構造体の配列

C言語等では，構造体の配列も利用することができる。構造体（structure）はデータ型の一つで，通常，複数の値をまとめて格納できる型である。コード1.3は，C言語による構造体の配列宣言と利用の例である。この例の構造体は，整数（int），文字（char），浮動小数点数（float）の3つのフィールドをもつ構造体によってできている配列である。このような構造を利用して，学生番号（id），成績（grade），平均点（average）のフィールドを使ってレコードを作成することができる。構造体の配列を利用すれば，図1-3のように簡易なデータベースが作成できる。しかし，配列には宣言の仕方によっては大きなメモリ確保が難しい問題や，配列が虫食い状態とならないようにデータ挿入・削除を行うには負荷のかかる処理となってしまう問題がある。そのため，一般的に，データ数の多いデータベースを作成するには配列の利用は適切とはいえない場合が多い。大規模なデータベースシステムでは，配列ではなく別の効果的なデータ構造を使うことが望ましい。

| | int | char | float |
|---|---|---|---|
| 0 | 100 | A | 510.20 |
| 1 | 101 | C | 350.00 |
| 2 | 105 | B | 450.50 |
| 3 | ─ | ─ | ─ |
| 4 | ─ | ─ | ─ |

図1-3　構造体の配列（コード1.3の例）

[ c1-3.c ]

```
/* code: c1-3.c   (v1.18.00) */
```

```c
#include <stdio.h>
#include <stdlib.h>

struct Student
{
  int id;
  char grade;
  float average;
};
typedef struct Student STUDENT_TYPE;

int main ()
{
  STUDENT_TYPE a[5];
  int i;

  a[0].id = 100;
  a[0].grade = 'A';
  a[0].average = 510.20;

  a[1].id = 101;
  a[1].grade = 'C';
  a[1].average = 350.00;

  a[2].id = 105;
  a[2].grade = 'B';
  a[2].average = 450.50;

  for (i = 0; i < 3; i++) {
    printf ("%d ", a[i].id);
    printf ("%c ", a[i].grade);
    printf ("%3.2f¥n", a[i].average);
  }

  return 0;
}
```

[出力]

```
100 A 510.20
101 C 350.00
105 B 450.50
```

**コード1.3：構造体の配列を利用した例**

## 1.4　要素数が多い配列

コード1.4は，C言語において要素数が多い配列を作成するコード例である。この例では，malloc関数を用いてヒープメモリ領域から配列用のメモリを確保している。そして，メモリを使い終わった後はfree関数によりメモリを解放している。メモリは有限のリソースであるため，malloc関数でメモリを確保しようとしても失敗する場合がある。メモリ確保に失敗した場合はmalloc関数からNULLが返される。コードではメモリ確保に失敗したときの簡易な処理をif-else文を利用して付け加えている。

malloc関数で確保したメモリは使用後にfree関数で解放する必要がある。メモリの解放を忘れ，次々とメモリを確保し続けることはメモリリーク（memory leak）と呼ばれる。メモリリークによってメモリが不足すると，プログラムやOSが異常終了する場合や，実行速度が低下する場合がある。コードのメモリリークを発見するためのソフトウェアツールなども存在する。プログラミング言語によっては，メモリの管理・解放を自動化し，動的に確保したメモリで不要になったメモリを自動的に解放する，ガベージコレクション（garbage collection）と呼ばれる機能を持つものもある。

[ c1-4.c ]

```
/* code: c1-4.c   (v1.18.00) */
#include <stdio.h>
#include <stdlib.h>
#define ARRAY_SIZE 5000000

int main ()
{
  int *array;
  int i;
```

```
  array = malloc (sizeof (int) * ARRAY_SIZE);

  if (NULL == array) {
    fprintf (stderr, "Error: malloc() ¥n");
    exit (-1);
  }
  else {
    for (i = 0; i < ARRAY_SIZE; i++) {
      array[i] = rand () % 1000;
    }
    for (i = 0; i < 10; i++) {
      printf ("%d ", array[i]);
    }
    free (array);
  }

  return 0;
}
```

[出力]

```
383 886 777 915 793 335 386 492 649 421
```

**コード1.4：要素数の大きな配列（500万件の要素数）**

コラム **「malloc関数とキャスティング」**

mallocは，memory allocation（メモリ確保；メモリ割り当て）のことである。mallocの呼び方には幾つかあり，日本国内では，「マロック」，「エムアロック」，「メイロック」等で呼ばれる。英語圏では，「マルロック」に近い発音がされることが多いようである。どの呼び方が正しいのかは諸説あり，宗教的な議論となるので学校や職場での慣例に従っていただきたい。

malloc関数の定義をman page等で確認すると以下のようになっている。malloc関数は，返り値としてvoid*を返すようになっている。

```
void *malloc (size_t size);
```

以下のコードでは，左辺と右辺の型を一致させるために，(int*)でキャスト（type casting; 型変換）を行っている。キャストとは，型を意図的に異なる型に変換することで，キャスト演算子を使う。

```
int  *b;
b = (int*) malloc ( sizeof (int) * 10 );
```

多くの有名なC言語の書籍でもこのような記述を推奨しており，比較的古いコンパイラにおいては，このようなキャストをしないとコンパイル時に警告が出される。しかし，近年のコンパイラでは，このような記述に対して警告を出さないようになっている。最新のANSI Cでは，void*型に対しては明示的なキャストは不要になっているため，以下のような記述でも問題ない。

```
int  *b;
b = malloc ( sizeof (int) * 10 );
```

また，キャストでのバグ発見が困難になることから，malloc関数ではキャストを使用すべきでないという意見が比較的新しい書籍等では多い。(ただし，C++言語ではキャストが必要になる。)

malloc関数のキャストに関してはプログラムの開発環境やコンパ

イラに依存する部分があるので，学校や職場での方針に従ってプログラミングを行っていただきたい。なお，本印刷教材ではmalloc関数使用時にキャストを行わないコードになっているので，必要に応じてプログラムを変更していただきたい。

## 2. データの挿入・データの削除

配列に対してデータの挿入やデータの削除といった基本的な操作は重要である。

### 2.1 挿入

図1-4の例では，配列のデータが6個挿入済みになっており，そこへ添字0の位置にデータ60を挿入する。この場合，問題となるのは添字0の場所は既にデータが存在することである。このような場合，配列内にあるデータを1個ずつ順番に移動していく操作が必要になる。つまり，データ80を添字6の位置へ，データ70を添字5の位置へ，という具合にデータの移動をしていき，最終的にデータ10を添字1の位置へ移動させて，添字0の位置に空きをつくる。そして，添字0の位置にデータ60を書き込む。このようにデータを挿入したい位置に既にデータがある場合には，データの移動が必要になってしまう。配列内のデータの数を$n$とすると，最良の場合であればデータの移動は不要であるが，最悪の場合では$n$個のデータを移動させて配列の空きを確保しなくてはならない。したがって，配列が虫食い状態とならないように任意の添字位置へデータ挿入するのに必要な平均の計算量は$O(n)$となる。

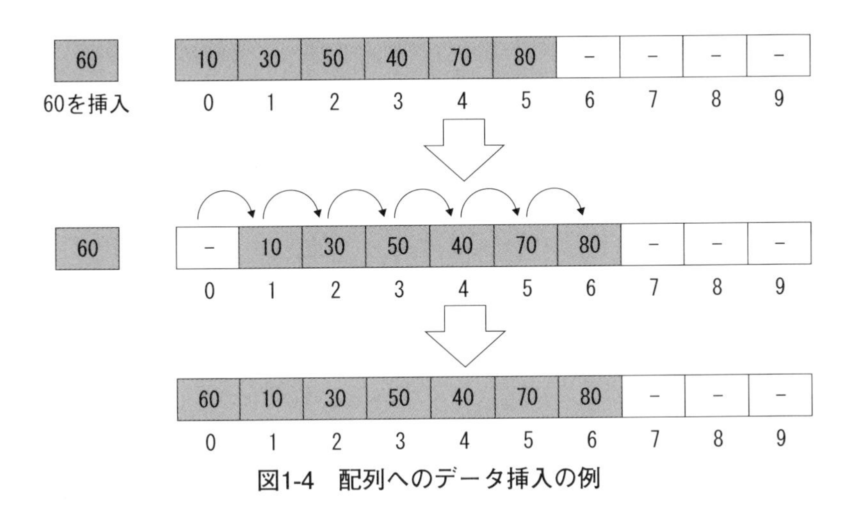


**図1-4 配列へのデータ挿入の例**

## 2.2 削除

図1-5の例では配列に全部で7個のデータがあり，添字0の位置のデータ60を削除している。この削除では，添字0の位置に空きができてしまうため，配列が虫食い状態とならないようにするためには，データを1個ずつ順番に移動する必要がある。つまり，データ10を添字0の位置へ，データ30を添字1の位置へ，という具合にデータを移動し，最終的に添字5の位置へデータ80を移動させて，配列先頭からデータが連続的に並ぶようにする。

任意の添字位置のデータ削除をする場合，最良の場合であればデータの移動は不要であるが，最悪の場合では$n$個のデータを移動させて配列の空きを埋めなくてはならない。したがって，データ削除に必要な平均の計算量は$O(n)$となる。なお，特殊な値を削除したことを示すフラグとして利用し，データ削除したように見せかける方法がある。このような方法を用いれば，配列内のデータ移動が少なくなる可能性がある。

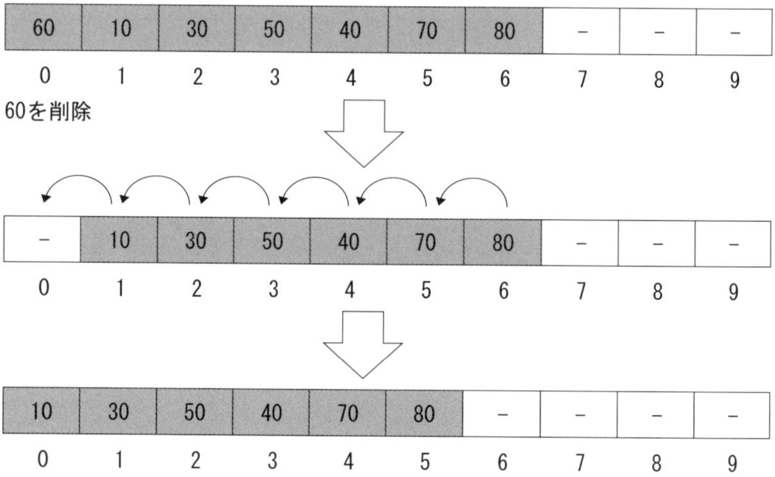

| 60 | 10 | 30 | 50 | 40 | 70 | 80 | – | – | – |
|---|---|---|---|---|---|---|---|---|---|
| 0 | 1 | 2 | 3 | 4 | 5 | 6 | 7 | 8 | 9 |

60を削除

| – | 10 | 30 | 50 | 40 | 70 | 80 | – | – | – |
|---|---|---|---|---|---|---|---|---|---|
| 0 | 1 | 2 | 3 | 4 | 5 | 6 | 7 | 8 | 9 |

| 10 | 30 | 50 | 40 | 70 | 80 | – | – | – | – |
|---|---|---|---|---|---|---|---|---|---|
| 0 | 1 | 2 | 3 | 4 | 5 | 6 | 7 | 8 | 9 |

**図1-5　配列からのデータ削除の例**

このように配列が虫食い状態とならないように保つためには，わずか1個のデータの挿入や削除でも，平均の計算量は$O(n)$の操作が必要となることから，配列内に非常に多くのデータが含まれていると，挿入や削除に必要なデータ移動の負荷は無視できないものになってしまう。

## 3. データの探索

配列に対して行える操作としてデータの探索がある。配列内に特定の値を持つデータが存在するかどうか確かめることは重要である。配列のデータを探索する手法として，線形探索（linear search）と二分探索（binary search）について考える。

### 3.1　線形探索

データの線形探索（linear search）では，添字の値を順番に増加（あるいは，順番に減少）させながら，配列の要素となるデータと，探索キー（search key）となるデータを順番に比較していくことで探索ができる。コード1.5は，線形探索を行う関数の例である。linear_search関数は，配列の中から線形探索によって探索キーと一致するデータを探し，データが見つかれば見つかったデータの配列の添字の値を返す。なお，この実装では探索キーに一致するデータが配列内に複数あっても，最初に一致したデータの添字を返す。配列内に探索データが見つからない場合は，−1を返す。

配列内に探索したいデータが必ず存在する場合，線形探索では運が良ければ最初の添字位置で探索データが見つかるが，運が悪ければ最後の添字位置で探索データが見つかる。そのため，配列内のデータ個数が非常に大きければ探索は最悪の場合，負荷の大きい処理になる。

[ c1-5.c ]

```
/* code: c1-5.c   (v1.18.00) */
#include <stdio.h>
#include <stdlib.h>
#define ARRAY_SIZE 13

/* ------------------------------------------ */
int linear_search (int array[], int n, int key)
{
  int i;
  for (i = 0; i < n; i++) {
    if (array[i] == key) {
      return i;
    }
  }
  return -1;
}
```

```
/* ---------------------------------------- */
void print_array (int array[], int n)
{
  int i;
  for (i = 0; i < n; i++) {
    printf ("%d ", array[i]);
  }
  printf ("¥n");
}

/* ---------------------------------------- */
int main ()
{
  int index, key;
  int array[ARRAY_SIZE] = {
    900, 990, 210, 50, 80, 150, 330,
    470, 510, 530, 800, 250, 280
  };
  key = 800;
  print_array (array, ARRAY_SIZE);
  index = linear_search (array, ARRAY_SIZE, key);
  if (index != -1) {
    printf ("Found: %d (index:%d) ¥n", key, index);
  }
  else {
    printf ("Not found: %d¥n", key);
  }
  return 0;
}
```

[出力]

```
900 990 210 50 80 150 330 470 510 530 800 250 280
Found: 800 (index:10)
```

**コード1.5：線形探索の関数例**

### 3.2 二分探索

二分探索（binary search; バイナリサーチ）は，整列済みの配列に対して探索を行う。整列（sorting; ソーティング）とは，データを値の大小関係に従って並べ替える操作である。データが整列した配列は順序配列（ordered array）と呼ばれる。二分探索では，検索するキーの値を配列の中央の値と比較し，その大小関係を基に探索を進める。検索したいキーの値が中央の値より大きいか，小さいかを調べ，二分割した配列の片方には，目的のキー値が存在しないことを確かめながら検索を行う。二分探索を行うためには，整列済みの配列でなければならないという制約があるが，二分探索は線形探索よりも平均の計算量は高速である。

図1-6は，13個のデータをもつ順序配列に対して，二分探索を行ったときの様子を示したものである。この例では，配列からデータ800を探索している。処理過程で，配列の探索範囲が半分になっていくことがわかる。データ数が多い時，線形探索と比べると二分探索は圧倒的に高速である。例えば，データ数を100,000,000個（1億個）とした時，線形探索では最悪の場合，1億回の比較，平均では5千万回の比較が必要である。しかし，二分探索なら約$\log_2 100{,}000{,}000$ 回，つまり，約27回の比較で済む。

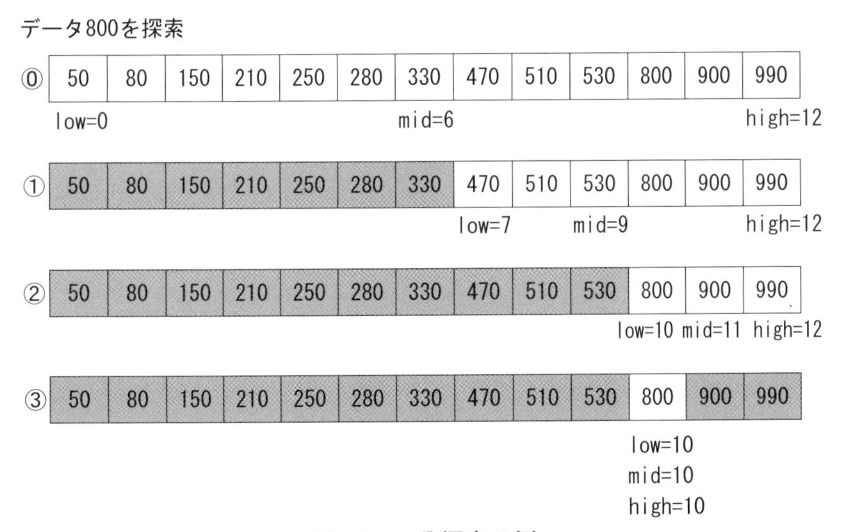


**図1-6　二分探索の例**

コード1.6は，二分探索を行う関数のコード例である。関数binary_searchは，配列の中から二分探索によって探索キーと一致するデータを探し，データが見つかれば，見つかったデータの添字の値を返す。配列内に探索データが見つからない場合は，－1を返す。配列はあらかじめ順序配列になっている必要がある。なお，二分探索は再帰的な関数を使っても実装できる。11章の演習問題の（問11.7）を参照。

[ c1-6.c ]

```
/* code: c1-6.c   (v1.18.00) */
#include <stdio.h>
#include <stdlib.h>
#define ARRAY_SIZE 13

/* ------------------------------------------ */
int binary_search (int array[], int num, int key)
{
  int middle, low, high;
  low = 0;
  high = num - 1;
  while (low <= high) {
    middle = (low + high) / 2;
    if (key == array[middle]) {
      return middle;
    }
    else if (key < array[middle]) {
      high = middle - 1;
    }
    else {
      low = middle + 1;
    }
  }
  return -1;
}

/* ------------------------------------------ */
void print_array (int array[], int n)
{
  int i;
  for (i = 0; i < n; i++) {
    printf ("%d ", array[i]);
```

```
  }
  printf ("¥n");
}

/* ------------------------------------------ */
int main ()
{
  int index, key;
  int array[ARRAY_SIZE] = {
    50, 80, 150, 210, 250, 280, 330,
    470, 510, 530, 800, 900, 990
  };

  key = 800;
  print_array (array, ARRAY_SIZE);
  index = binary_search (array, ARRAY_SIZE, key);
  if (index != -1) {
    printf ("Found: %d (index:%d) ¥n", key, index);
  }
  else {
    printf ("Not found: %d¥n", key);
  }
  return 0;
}
```

[出力]

```
50 80 150 210 250 280 330 470 510 530 800 900 990
Found: 800 (index:10)
```

**コード1.6：二分探索の関数例**

### 3.3　計算量

計算量（computational complexity）とはアルゴリズムの動作に必要な資源の量を評価するものである。計算量には，時間計算量（time complexity）と空間計算量（space complexity）がある。通常，単に計算量といえば時間計算量のことを示す。時間計算量では，計算に必要なステップ数を評価する。複数のアルゴリズムがあって，その評価を行う場合，計算時間はコンピュータの処理能力によって異なるため，入力データの大きさに対する基本演算のステップ回数で比較する必要がある。空間計算量は，領域計算量と呼ばれることもあり，計算に必要とされるメモリ量を評価する。

計算機科学の分野では，アルゴリズムの速度を比較するための方法として，ビッグ・オー記法（big O notation；ビッグ・オー・ノーテーション）が使われる。“O”は，オーダー（order）の意味である。ビッグ・オー記法によって，データの数と実行時間の関係を表現することができる。例えば，配列の線形探索は，$n$個のデータに対して，計算量O($n$)の時間がかかる。配列の二分探索の場合は計算量O(log $n$)である。データ数とそれを処理するのに必要な時間の関係には，様々なクラスのものがあり，表1-1はその代表的な例である。図1-7は代表的な関数の増加率をグラフ化したものである。わずかな$n$の増加で指数関数は非常に大きな値となることがわかる。

**表1-1　様々な関数における増加率**

| | |
|---|---|
| 対数時間　(logarithmic time) | $\log_2 n$ |
| 線形対数時間 (linearithmic time, log linear time) | $n\log_2 n$ |
| 多項式時間　(polynomial time) | $n^2$, $n^3$ |
| 指数関数時間　(exponential time) | $2^n$, $n^n$, $n!$ |

$n! \approx (n \div 2.56)^n$　(Stirling's approximation)

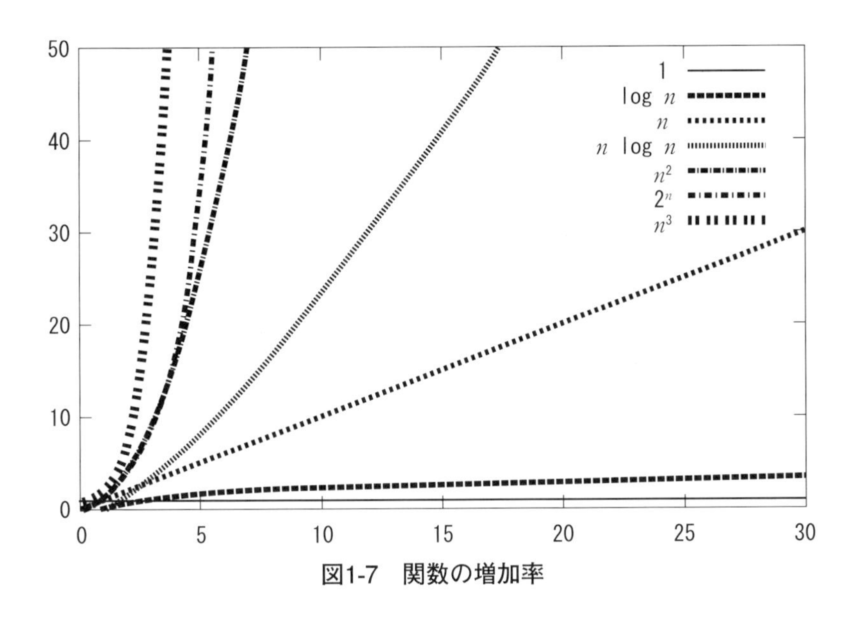


**図1-7 関数の増加率**

$n$=100 として，1秒間に100万回の処理を実行できるコンピュータがあった場合，$n \log n$ の処理を行うには，$6.6\times10^{-4}$秒で済むが，$n!$の処理を実行するには，$2.96\times10^{144}$年かかる計算になる。多くのデータを含む計算を行う場合，実行にかかる時間が線形（linearly）で増加する，あるいは最悪でも$n \log n$ 以下の実行時間となるようなアルゴリズムを用いることが重要である。

通常，ビッグ・オー記法では，関数に付随する定数は省略される。これは，データ数と実行に必要な時間との関係が重要であり，コンピュータごとの性能の違いよりも，アルゴリズムの性能を評価する必要があるためである。

例１：$O(100n)$ → $O(n)$

例２：$O(30 \log n)$ → $O(\log n)$

また，表1-1にあるような関数が複数含まれるようなアルゴリズムの計算量では，最もオーダーの大きい関数だけを使ってビッグ・オー表記がされる。

例１：$O(100n+10n^2+n^3)$ → $O(n^3)$

例２：$O(n+\log n+n^2)$ → $O(n^2)$

## 演習問題

（問1.1）配列の要素を指定するための通し番号は，一般的になんと呼ばれるか答えなさい。

（問1.2）順序配列とはどのようなものか説明しなさい。

（問1.3）線形探索と二分探索の平均の計算量について答えなさい。

（問1.4）コード1.2を参考にして，九九表（掛け算表）を表示するコードを作成しなさい。コードでは，九九表の値を，2次元配列に代入してから，配列内の値を出力しなさい。

（問1.5）コード1.2を変更して3次元配列に整数を代入するコードを作成しなさい。コードでは，値を3次元配列に代入してから，配列内の値を出力しなさい。

（問1.6）C言語のbsearch関数について調べ，整数10個の整列済み配列に対して二分探索を行うコードを作成しなさい。

（問1.7）**チャレンジ問題** C言語のqsort関数とbsearch関数について調べ，100,000,000件（1億件）の乱数を順序配列にしてから二分探索を行うコードを作成しなさい。配列用のメモリ確保にはmalloc関数，メモリ解放にはfree関数を用いなさい。

（問1.8）**チャレンジ問題** 配列に重複の無い乱数を代入するコード

を作成しなさい。乱数は0以上9以下の整数とする。配列の大きさは10とする。最初に配列へ0から9までの値を順番に代入し，その後，配列の要素を乱数でシャッフル（混ぜ合わせること）しなさい。

**解答例**

（解1.1） 添字（そえじ）

（解1.2） キーの値の昇順または降順で整列している配列。

（解1.3） 線形探索は$O(n)$。二分探索は$O(\log n)$。線形探索では配列のデータ個数に比例した実行時間が必要である。二分探索では配列のデータ個数の対数に比例した実行時間が必要である。

（解1.4） 九九表を表示するコード例。

「q1-1.c」

```
/* code: q1-1.c   (v1.18.00) */
#include <stdio.h>
#define TABLE 9
int main ()
{
  int i, j;
  int a[TABLE][TABLE];

  for (i = 0; i < TABLE; i++) {
    for (j = 0; j < TABLE; j++) {
      a[i][j] = (i + 1) * (j + 1);
    }
```

```
  }
  for (i = 0; i < TABLE; i++) {
    for (j = 0; j < TABLE; j++) {
      printf ("%02d ", a[i][j]);
    }
    printf ("¥n");
  }
  return 0;
}
```

「出力」

```
01 02 03 04 05 06 07 08 09
02 04 06 08 10 12 14 16 18
03 06 09 12 15 18 21 24 27
04 08 12 16 20 24 28 32 36
05 10 15 20 25 30 35 40 45
06 12 18 24 30 36 42 48 54
07 14 21 28 35 42 49 56 63
08 16 24 32 40 48 56 64 72
09 18 27 36 45 54 63 72 81
```

(解1.5) 3次元配列のコード例。

「q1-2.c」

```
/* code: q1-2.c   (v1.18.00) */
#include <stdio.h>

int main ()
{
  int i, j, k;
  int a[2][3][4] = {
    {{0, 1, 2, 3},
     {4, 5, 6, 7},
     {8, 9, 10, 11}},
    {{0, 10, 20, 30},
     {40, 50, 60, 70},
     {80, 90, 100, 110}}
  };

  for (i = 0; i < 2; i++) {
    for (j = 0; j < 3; j++) {
```

```
        for (k = 0; k < 4; k++) {
          printf ("array[%d][%d][%d]=%3d¥n", i, j, k, a[i][j][k]);
        }
      }
    }
    return 0;
}
```

「出力」

```
array[0][0][0]=  0
array[0][0][1]=  1
array[0][0][2]=  2
array[0][0][3]=  3
array[0][1][0]=  4
array[0][1][1]=  5
array[0][1][2]=  6
array[0][1][3]=  7
array[0][2][0]=  8
array[0][2][1]=  9
array[0][2][2]= 10
array[0][2][3]= 11
array[1][0][0]=  0
array[1][0][1]= 10
array[1][0][2]= 20
array[1][0][3]= 30
array[1][1][0]= 40
array[1][1][1]= 50
array[1][1][2]= 60
array[1][1][3]= 70
array[1][2][0]= 80
array[1][2][1]= 90
array[1][2][2]=100
array[1][2][3]=110
```

（解1.6）　bsearch関数のコード例。

bsearch関数の書式（詳しくはC言語のマニュアルやmanページ等を参考にすること。）

```
void *bsearch (const void *key, const void *base, size_t nmemb,
    size_t size, int (*compar) (const void *, const void *));
```

「q1-3.c」

```
/* code: q1-3.c   (v1.18.00) */
#include <stdio.h>
#include <stdlib.h>
#include <search.h>

#define ARRAY_SIZE 10

/* ------------------------------------------ */
int int_compare (const void *va, const void *vb)
{
  int a, b;
  a = * (int *) va;
  b = * (int *) vb;
  if (a < b) {
    return (-1);
  }
  else if (a > b) {
    return (1);
  }
  else {
    return (0);
  }
}

/* ------------------------------------------ */
void print_array (int array[], int n)
{
  int i;
  for (i = 0; i < n; i++) {
    printf ("%d ", array[i]);
  }
  printf ("¥n");
}

/* ------------------------------------------ */
int main ()
{
  int key;
  int *r;
  int array[ARRAY_SIZE] = {
    10, 12, 16, 19, 28, 30, 38, 44, 70, 98
  };
  /* ordered array! */

  key = 16;
```

```
  print_array (array, ARRAY_SIZE);

   r = (int *) bsearch (&key, array, ARRAY_SIZE, sizeof (int),
int_compare);
  if (r != NULL) {
    printf ("Found: %d¥n", key);
  }
  else {
    printf ("Not found: %d¥n", key);
  }
  return 0;
}
```

「出力」

```
10 12 16 19 28 30 38 44 70 98
Found: 16
```

(解1.7)　コード例(q1-4.c)についてはWeb補助教材を参考にすること。要素数が非常に多い配列については1章のコード1.4の例を参考にすること。qsort関数については13章のコード13.3の例を参考にすること。

(解1.8)　重複の無い乱数の配列を作成するコード例。様々な方法が存在するが，連続的な数値を配列に代入した後，配列要素をシャッフルする簡単な方法はしばしば使われる。

[ q1-5.c ]

```
/* code: q1-5.c   (v1.18.00) */
#include <stdio.h>
#include <stdlib.h>

/* ---------------------------------------- */
void shuffle (int *v, int n)
{
  int i, j, t;
  for (i = 0; i < n; i++) {
    j = rand () % n;
```

```
    t = v[i];
    v[i] = v[j];
    v[j] = t;
  }
}

/* ----------------------------------------- */
void rand_nd (int *v, int n)
{
  int i;
  for (i = 0; i < n; i++) {
    v[i] = i;
  }
  shuffle (v,n) ;
}

/* ----------------------------------------- */
int main ()
{
  int i, n;
  int *v;

  n = 10;
  v = malloc (sizeof (int) * n);

  rand_nd (v, n);

  for (i = 0; i < n; i++)
    printf ("%d ", v[i]);

  free (v);
  return 0;
}
```

[出力]

```
3 8 2 4 5 0 1 7 9 6
```

# 2 スタック

**《目標とポイント》** 基本的なデータ構造であるスタックの仕組みについて学習する。また，スタックに必要な操作や特徴，そして，スタックがどのように使われるのか応用例やC言語での実装について学ぶ。
**《キーワード》** スタック，プッシュ，ポップ，スタックの仕組み，スタックの実装，文字列反転，逆ポーランド記法

## 1. スタック

スタック（stack）は最も基本的なデータ構造の1つである。スタックには，“積み重ねる”という意味がある。スタックでは，積み重なったデータを一度に1つしか読み取ることができない。しかも，一度に読み取ることができるデータは，最後にスタックに積まれた（挿入された）データだけである。

スタックの構造は図2-1のようになっている。スタックに複数のデータが積まれている時，最初に積まれたデータは，スタックの底（bottom; ボトム），最後に積まれたデータは，スタックの頂上（top; トップ）になる。このようなスタックのデータ構造は，LIFO（Last In, First Out；後入れ先出し；ライフォ）と呼ばれ，データは，“後入れ，先出し”の構造で保存されていく。スタックを説明する例として，しばしば用いられるのが，食堂やカフェテリアなどで使われているトレイ（おぼん）

である。つまり，最後に積まれたトレイが最初に使われることになり，スタック構造となっている。

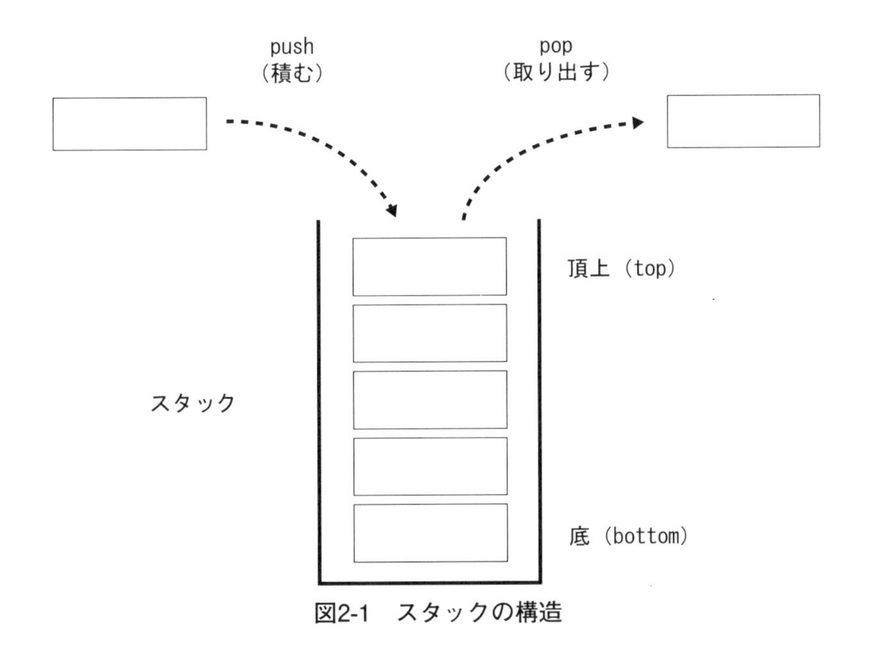


**図2-1　スタックの構造**

スタックの操作には，以下のような基本的な操作がある。

- **プッシュ（push）**

  データをスタックの頂上に積む操作のこと。

- **ポップ（pop）**

  データをスタックの頂上から取り出す操作のこと。

一般的にプッシュとポップが，スタックに対して行われる代表的な操作であるが，以下のような補助的な操作も使われる場合がある。

- **ピーク（peek）**
  スタックの頂上のデータを削除せずにデータ値を見る場合に使われる。ピークとは“覗く”という意味である。なお，頂上の値を得ることからトップ（top）と呼ばれることもある。

- **スワップ（swap）**
  スタックの頂上にあるデータと，その次にあるデータを入れ替える操作。スワップは“交換”の意味である。なお，エクスチェンジ（exchange）と呼ばれることもある。

- **デュプリケート（dup.）**
  スタックの頂上にあるデータを複製し，複製したデータを頂上にプッシュする。dup.は，duplicateの略で“複製”を意味する。

図2-2は，スタックに対するプッシュ操作の例を示したものである。スタックには，3つのデータ500，200，600がすでに積まれており，さらにデータ300と100が積まれる様子である。最後に積まれたデータ100がスタックの頂上となる。

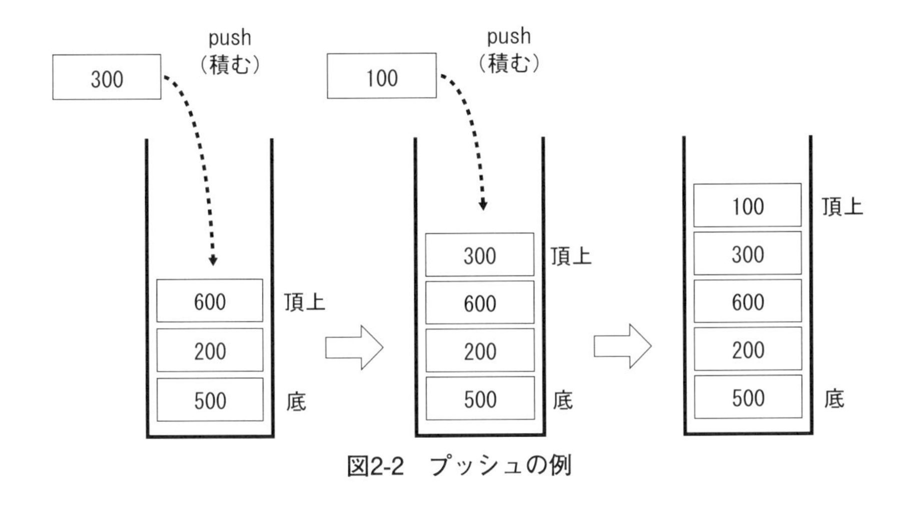

図2-2　プッシュの例

図2-3は，スタックに対するポップ操作の例を示したものである。スタックには，5つのデータ500，200，600，300，100が積まれており，ポップ操作によって，データ100と300を取り出している。

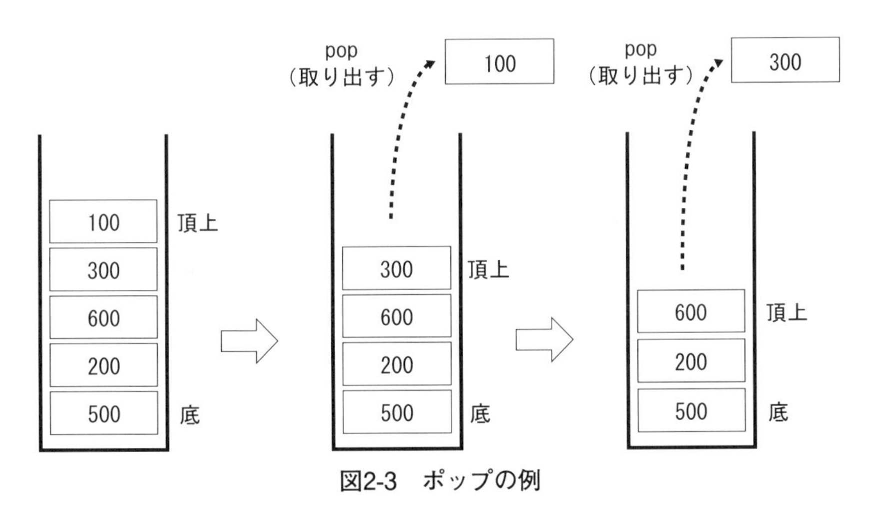

図2-3　ポップの例

## 2. 配列を利用したスタックの実装

スタックの構造は，配列を使って実装することが可能である。コード2.1はC言語を用いた整数型データを格納できるスタックのコードの例である。このコードでは，プッシュ，ポップの主要な操作，スタック内のデータ表示，スタックの初期化の操作が，それぞれ関数として実現されている。このコードでは，①スタックのデータを保存している配列，②スタックの頂上となる配列の添字に関する2つの情報を関数へ渡してスタックの動作を実現する構造になっている。この他にも，配列をグローバル変数として保存するような実装（配列で大量のデータを扱う場合）など，様々な実装法を考えることができる。配列を利用した実装では，プッシュ操作によって，データ数が配列に確保した容量を超えてしまう場合の処理や，ポップ操作でポップするデータが存在しない場合の処理等を考慮する必要がある。

スタックの機能を実装する場合には，プッシュ，ポップなどの基本的な操作に加え，スタックの状態を監視する操作などがあると便利である。例えば，スタックが空になっているか（is_stack_empty），あるいは，スタックが満杯になっていないか（is_stack_full）を調べる操作などである。コンピュータのメモリは無限にあるわけではないので，スタックが満杯になり，データが溢れないように注意しなくてはならない。

[ c2-1.c ]

```
/* code: c2-1.c   (v1.18.00) */
#include<stdio.h>
#include<stdlib.h>

#define MAX 128
#define PUSH_SUCCESS     1
```

```
#define PUSH_FAILURE   -1
#define POP_SUCCESS     2
#define POP_FAILURE    -2

/* ----------------------------------------- */
int peek (int stack[], int *top, int *data)
{
  if ((*top) > 0) {
    *data = stack[ (*top) - 1];
    return POP_SUCCESS;
  }
  else {
    /* stack empty */
    return POP_FAILURE;
  }
}

/* ----------------------------------------- */
void stack_init (int *top)
{
  *top = 0;
}

/* ----------------------------------------- */
void display (int stack[], int top)
{
  int i;
  printf ("STACK (%d) : ", top);
  for (i = 0; i < top; i++) {
    printf ("%d ", stack[i]);
  }
  printf ("¥n");
}

/* ----------------------------------------- */
int push (int stack[], int *top, int data)
{
  if (*top >= MAX) {
    /* stack overflow */
    return PUSH_FAILURE;
  }
  else {
    stack[*top] = data;
    (*top) ++;
    return PUSH_SUCCESS;
  }
}
```

```
/* ---------------------------------------- */
int pop (int stack[], int *top, int *data)
{
  if ((*top) > 0) {
    *data = stack[ (*top) - 1];
    (*top) --;
    return POP_SUCCESS;
  }
  else {
    /* stack empty */
    return POP_FAILURE;
  }
}

/* ---------------------------------------- */
int main ()
{
  int stack[MAX];
  int top, data;

  stack_init (&top);
  data = 300;
  printf ("push: %d¥n", data);
  push (stack, &top, data);
  data = 400;
  printf ("push: %d¥n", data);
  push (stack, &top, data);
  data = 500;
  printf ("push: %d¥n", data);
  push (stack, &top, data);

  peek (stack, &top, &data);
  // printf ("peek: %d¥n", data);
  peek (stack, &top, &data);
  // printf ("peek: %d¥n", data);

  display (stack, top);

  pop (stack, &top, &data);
  printf ("pop:  %d¥n", data);

  peek (stack, &top, &data);
  // printf ("peek: %d¥n", data);

  pop (stack, &top, &data);
  printf ("pop:  %d¥n", data);
```

```
    pop (stack, &top, &data);
    printf ("pop:  %d¥n", data);
    return 0;
}
```

[出力]

```
push: 300
push: 400
push: 500
STACK (3) : 300 400 500
pop:  500
pop:  400
pop:  300
```

**コード2.1：配列を用いたスタックの実装例**

## 3. スタックの応用

スタックを利用した応用として，文字列反転，逆ポーランド記法，プログラミング言語での利用を考える。

### 3.1　文字列反転

スタックの簡単な使い方の例としては，文字列の反転がある。文字列を順番に一文字ずつ読み込み，それをスタックへプッシュしていく。そして，読み込む文字が無くなったところで，プッシュ操作したのと同じ回数，スタックからポップ操作を行う。ポップ操作によって取り出した文字を順番に並べると文字列の反転となる。図2-4は「HOUSOU」という文字列に対して，スタックを使った文字列反転処理を行う過程を示したものである。反転後の文字列は「UOSUOH」になる。

| 読み込み記号 | 操作 | スタックの状態<br>（ 底 ⇔ 頂上 ） |
|---|---|---|
| H | push | H |
| O | push | HO |
| U | push | HOU |
| S | push | HOUS |
| O | push | HOUSO |
| U | push | HOUSOU |
|  | pop →U | HOUSO |
|  | pop →O | HOUS |
|  | pop →S | HOU |
|  | pop →U | HO |
|  | pop →O | H |
|  | pop →H |  |

**図2-4 文字列の反転とスタック**

### 3.2 逆ポーランド記法

スタックの使用例として，しばしば用いられるのが，逆ポーランド記法（Reverse Polish Notation；RPN）である。これは後置記法とも呼ばれる。この記法は数式などを記述する方法の一つで，他に前置記法と中置記法がある。それぞれ演算子（オペレータ; operator）と被演算子（オペランド; operand）の位置が異なる。前置記法と後置記法では，被演算子どうしが隣接するため，␣（スペース，空白）などの被演算子を区切る記号が必要になる。

● **前置記法（prefix notation；ぜんちきほう）**

ポーランド人の学者が考案したことから，ポーランド記法（Polish Notation）とも呼ばれる。演算子を被演算子の前に記述する。

例：　+ 7 8

● **中置記法（infix notation；ちゅうちきほう）**

演算子を被演算子の間に記述する方法。一般的に数式を表すのに使われる記法である。

例：　7 + 8

● **後置記法（postfix notation；こうちきほう）**

逆ポーランド記法（Reverse Polish Notation；RPN）とも呼ばれる。演算子を被演算子の後に記述する。

例：　7 8 +

逆ポーランド記法は，コンピュータを用いた数式の評価に適している。多機能型の卓上電卓（calculator）の中には，効率よく数式の入力ができることから，逆ポーランド記法が使えるものもある。逆ポーランド記法で記述された式では，先頭から順番に記号を読んでいき，記号の種類によって以下の操作を行う[†1]。

① 演算子以外であれば，スタックにプッシュ（push）する。

② 演算子のときは，スタックからポップ（pop）を2回行い，2つの値を取り出し，その値に対して演算を実行してから，その結果をスタックにプッシュする[†2]。

†1：被演算子どうしを区切る記号（分離記号，区切り文字）が必要である。例えば，2桁以上の数値が含まれる場合，スペースなどの分離記号を利用して，桁数の多い数値も1つのトークンとして扱えるようにする。

†2：操作②の処理で2つの被演算子の順番に注意すること。減算と除算の処理では順序によって演算結果の値が変わってしまう。

③　以上の操作を読み込む記号が無くなるまで繰り返す。そして，最後にスタック内に残ったものが式の最終結果となる。

図2-5は，逆ポーランド記法で記述された「3 4 ＋ 5 ×」という式の記号を順番に読み込み，スタックを利用して計算を行った過程を示したものである。ちなみに，この式を中置記法で記述すると「(3＋4)×5」である。中置記法では，式に括弧が必要になるが，逆ポーランド記法で記述すれば，括弧を省略することができる。なお，中置記法の式と逆ポーランド記法へ変換した式では，出現する数字（被演算子）の順序は一致する性質がある。

| 読み込み記号 | 操作 | スタックの状態<br>（ 底 ⇔ 頂上 ） |
|---|---|---|
| 3 | push | 3 |
| 4 | push | 3 4 |
| ＋ | pop → 4 | 3 |
| | pop → 3 | |
| | 3 + 4 → 7 | |
| | push | 7 |
| 5 | push | 7 5 |
| × | pop → 5 | |
| | pop → 7 | |
| | 7 × 5 → 35 | |
| | push | 35 |

**図2-5　逆ポーランド記法とスタック**

### 3.3　記法の変換

前置記法，中置記法，後置記法は，それぞれの記法に変換することができる。以下は同じ式を3つの記法で表した例である。

| 前置記法 | 中置記法 | 後置記法 |
| --- | --- | --- |
| ＋×ＡＢ÷ＣＤ | Ａ×Ｂ＋Ｃ÷Ｄ | ＡＢ×ＣＤ÷＋ |

それぞれの記法に変換を行うには，以下のように括弧を付加すると変換がわかりやすい。

| 前置記法 | 中置記法 | 後置記法 |
| --- | --- | --- |
| (＋ (×ＡＢ) (÷ＣＤ)) | ((Ａ×Ｂ) ＋ (Ｃ÷Ｄ)) | ((ＡＢ×) (ＣＤ÷) ＋) |

例をあげると，中置記法の（Ｘ ＋ Ｙ）は，前置記法の（＋ Ｘ Ｙ），後置記法の（Ｘ Ｙ ＋）であるので，これらのルールで置き換えを行ってから，不要な括弧を取り除けばよい。前置記法と後置記法では括弧は不要であるが，中置記法では演算順序を考慮して括弧が必要となる場合もある。

なお，括弧を用いた表記を参考にして，木構造で表現ができる。演算子をノードとし，そのノードの2つの子ノードを被演算子とすれば，図2-6のような木構造で表すことができる。（なお，6章で学習するツリー走査を利用すると，行きがけ順走査で前置記法の出力。帰りがけ順走査で後置記法の出力，通りがけ順走査をしながら括弧を付加することで中置記法の出力を得ることができる。）

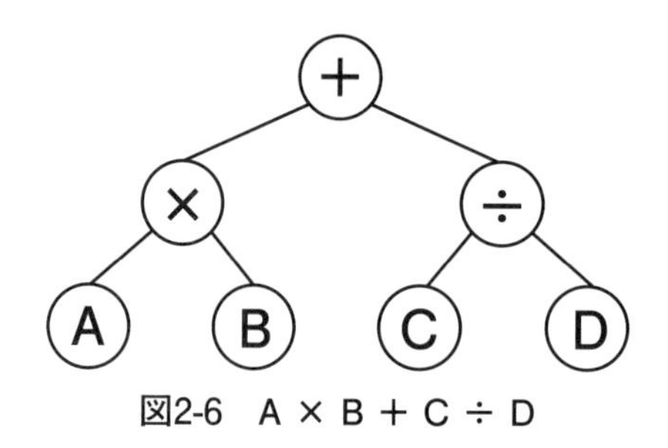


図2-6　A × B ＋ C ÷ D

3つの記法（前置記法，中置記法，後置記法）は，相互に変換するアルゴリズムがある。例えば，中置記法を後置記法に変換するには，次のようなステップの処理を使うことができる。①中置記法の入力から，優先順位（precedence）の最も高い演算子を探す。②もし複数の優先順位の同じ演算子があれば，結合法則（associative law）にしたがって処理を行う。③演算子と被演算子を中置記法から後置記法に変換する。①と②の処理を入力がなくなるまで繰り返す。

### 3.4　スタックのプログラミング言語での利用

スタックの重要な利用の例としては，プログラミング言語における関数呼び出し（function call）や手続き呼び出し（procedure call）があげられる。スタックは関数呼び出しの管理に使われる。これはコールスタック（call stack）と呼ばれ，プログラム実行時に関数に関係する情報を一時的に格納しておくスタックである。格納される情報の代表的なものとしては，戻りアドレス，ローカル変数，関数の引数などがある。

その他のスタックの利用としては，再帰関数の書き換えがある。再帰関数の呼び出しが使われたコードを，プログラマーが明示的にスタックを利用することによって，再帰関数を使わないコードに変更することができる。

マタタビ屋 食堂
プッシュ
ポップ
スタックは
積み重なった
トレイと
同じだね

## 演習問題

（問2.1） スタックに対する重要な操作を2つ答えなさい。

（問2.2） 空の状態のスタックに，5つのデータ30，20，40，50，10を順番にプッシュ（push）すると，スタック頂上のデータは10となる。このスタックから，ポップ（pop）を3回行うと，スタック頂上にあるデータは何か答えなさい。

（問2.3） 次の逆ポーランド記法（後置記法）で記述された式を中置記法に変換しなさい。

A␣B␣+␣C␣D␣E␣÷␣−␣×

なお，被演算子はA，B，C，D，E，演算子は+，−，×，÷とする。␣（スペース；空白）は分離記号である。なお，中置記法では四則演算の優先順位を保つため，必要があれば括弧（　）を用いること。

（問2.4） 次の逆ポーランド記法（後置記法）で記述された5つの式の値を評価しなさい。なお，被演算子は数字，演算子は+，−，×，÷であり，四則演算を行う。␣（スペース；空白）は分離記号とする。

1␣2␣×␣3␣+

1␣2␣3␣×␣+␣4␣−

3␣6␣+␣1␣2␣+␣÷

10␣30␣×␣3␣+

80␣20␣×␣5␣−

(問2.5)　コード2.1に，ピーク（peek）の処理を行う関数のコードを追加しなさい。

(問2.6)　コード2.1を利用して文字列の反転を行うコードを作成しなさい。ただし，文字列はアルファベット文字のみとする。

(問2.7)　コード2.1の例では，スタックに用いられる配列は非常に多くの要素数を扱うことができない。malloc関数とfree関数を利用したコードに書き換えなさい。

(問2.8)　**チャレンジ問題**　逆ポーランド記法（後置記法）を評価するコードを作成しなさい。

(問2.9)　**チャレンジ問題**　(問2.8) で作成したコードを用いて以下の逆ポーランド記法の式を評価しなさい。␣（スペース；空白）は分離記号である。

5␣1␣2␣+␣4␣*␣+␣3␣-

なお，同等の中置記法のコードは以下のようになる。

$5+((1+2)\times 4)-3$

(問2.10)　**チャレンジ問題**　C++のSTLのスタックを使って，プッシュとポップを行う簡単なコードを作成しなさい。

**解答例**

（解2.1） プッシュ（push）とポップ（pop）

（解2.2） 20

（解2.3） （A + B) × (C − (D ÷ E))

スタックには，（A + B) × (C − (D ÷ E)）が残る。なお，中置記法の式と逆ポーランド記法へ変換した式では，出現する文字の順序は一致する性質があるため，A，B，C，D，Eの順番になっていることに注意。

| 記号 | 操作 | スタックの状態（右側が頂上） |
|---|---|---|
| A | push | A |
| B | push | A B |
| + | pop → B | A |
| | pop → A | |
| | A+B → （A+B） | |
| | push | （A+B） |
| C | push | （A+B） C |
| D | push | （A+B） C D |
| E | push | （A+B） C D E |
| ÷ | pop → E | （A+B） C D |
| | pop → D | （A+B） C |
| | D ÷ E → （D ÷ E） | （A+B） C |
| | push | （A+B） C （D ÷ E） |
| − | pop → （D ÷ E） | （A+B） C |
| | pop → C | （A+B） |
| | C − (D ÷ E） → （C − (D ÷ E)） | （A+B） |
| | push | （A+B） （C − (D ÷ E)） |
| × | pop → （C − (D ÷ E)） | （A+B） |
| | pop → （A+B） | |
| | （A+B) × (C − (D ÷ E)) →<br>((A+B) × (C − (D ÷ E))) | |
| | push | ((A+B) × (C − (D ÷ E)) |

（解2.4）

| 逆ポーランド記法 | 中置記法 | 値 |
|---|---|---|
| 1␣2␣×␣3␣+ | 1×2+3 | 5 |
| 1␣2␣3␣×␣+␣4␣− | 1+2×3−4 | 3 |
| 3␣6␣+␣1␣2␣+␣÷ | (3+6)÷(1+2) | 3 |
| 10␣30␣×␣3␣+ | 10×30+3 | 303 |
| 80␣20␣×␣5␣− | 80×20−5 | 1595 |

（解2.5）　コード例(q2-1.c)についてはWeb補助教材を参考にすること。

ピーク（peek）の処理を行う関数のコード例。

「q2-1.c」（コードの一部）

```
int peek (int stack[ ], int *top, int *data)
{
  if ((*top) > 0) {
    *data = stack[ (*top) - 1];
    return POP_SUCCESS;
  }
  else {
    /* stack empty */
    return POP_FAILURE;
  }
}
/* ------------------------------------------ */
int main ()
{
  int stack[MAX];
  int top, data;

  stack_init (&top);
  data = 300;
  printf ("push: %d¥n", data);
  push (stack, &top, data);
  data = 400;
  printf ("push: %d¥n", data);
  push (stack, &top, data);
  data = 500;
  printf ("push: %d¥n", data);
```

```
    push (stack, &top, data);

    peek (stack, &top, &data);
    printf ("peek: %d¥n", data);
    peek (stack, &top, &data);
    printf ("peek: %d¥n", data);

    display (stack, top);

    pop (stack, &top, &data);
    printf ("pop:  %d¥n", data);

    peek (stack, &top, &data);
    printf ("peek: %d¥n", data);

    pop (stack, &top, &data);
    printf ("pop:  %d¥n", data);
    pop (stack, &top, &data);
    printf ("pop:  %d¥n", data);
    return 0;
}
```

「出力」

```
push: 300
push: 400
push: 500
peek: 500
peek: 500
STACK (3) : 300 400 500
pop:  500
peek: 400
pop:  400
pop:  300
```

（解2.6）　コード例（q2-2.c）についてはWeb補助教材を参考にすること。文字列を反転するコード例。

「q2-2.c」（コードの一部）

```
int main ()
{
  int stack[MAX];
  int top, data;
  int i, len;
  char str[128];

  sprintf (str, "%s", "The_Open_University_of_Japan");
  len = strlen (str);

  stack_init (&top);

  for (i = 0; i < len; i++) {
    data = str[i];
    push (stack, &top, data);
  }

  display_char (stack, top);

  for (i = 0; i < len; i++) {
    pop (stack, &top, &data);
    printf ("%c", data);
  }
  printf ("¥n");

  return 0;
}
```

「出力」

```
STACK (28) : The_Open_University_of_Japan
napaJ_fo_ytisrevinU_nepO_ehT
```

（解2.7）　コード例（q2-3.c）についてはWeb補助教材を参考にすること。スタック用の配列をmalloc関数とfree関数を利用して確保・開放したコードの例である。なお，配列をグローバル変数として宣言した場合も，配列で多くの要素数を扱えるようになる。

「q2-3.c」（コードの一部）

```
int main ()
{
  int *stack;
  int top, data, i;

  stack = malloc (sizeof (int) * MAX);
  printf ("data size: %d¥n", DATA_SIZE);
  stack_init (&top);

  printf ("push:¥n");
  for (i = 0; i < DATA_SIZE; i++) {
    data = rand () % 1000;
    if (i >= DATA_SIZE - 5)
      printf ("%3d (index:%d)¥n", data, top);
    push (stack, &top, data);
  }
  printf ("¥n");

  printf ("pop:¥n");
  for (i = 0; i < 5; i++) {
    pop (stack, &top, &data);
    printf ("%3d (index:%d)¥n", data, top);
  }
  printf ("¥n");

  free (stack);

  return 0;
}
```

「出力」

```
data size: 100000000
push:
594 (index:99999995)
814 (index:99999996)
269 (index:99999997)
109 (index:99999998)
486 (index:99999999)
```

```
pop:
486 (index:99999999)
109 (index:99999998)
269 (index:99999997)
814 (index:99999996)
594 (index:99999995)
```

(解2.8)　コード例(q2-4.c)についてはWeb補助教材を参考にすること。逆ポーランド記法(後置記法)を評価するコードのアルゴリズム(3.2節)を利用する。入力となる式から分離記号を考慮して演算子や被演算子を切り出すためには，C言語であれば，strtok，strtod，strtol，等の文字列の関数を利用することができる。

「q2-4.c」(コードの一部)

```
int rpn (char *str)
{
  int stack[MAX];
  int top, i;
  int a, b;
  char *endptr;
  char *delim = " ¥n¥t¥r¥f";

  a = b = 0;
  stack_init (&top);

  for (str = strtok (str, delim) ; str; str
= strtok (0, delim)) {
    a = (int) strtod (str, &endptr);
    if (endptr > str) {
      printf ("n: ");
      push (stack, &top, a);
    }
    else if (*str == '+') {
      printf ("%c: ", *str);
      pop (stack, &top, &b);
      pop (stack, &top, &a);
      push (stack, &top, (a + b));
```

```
    }
    else if (*str == '-') {
      printf ("%c: ", *str);
      pop (stack, &top, &b);
      pop (stack, &top, &a);
      push (stack, &top, (a - b));
    }
    else if (*str == '*') {
      printf ("%c: ", *str);
      pop (stack, &top, &b);
      pop (stack, &top, &a);
      push (stack, &top, (a * b));
    }
    else if (*str == '/') {
      printf ("%c: ", *str);
      pop (stack, &top, &b);
      pop (stack, &top, &a);
      push (stack, &top, (a / b));
    }
    else {
      fprintf (stderr, "[%c]: ", *str);
      fprintf (stderr, "unknown oeprators¥n");
    }

    for (i = 0; i < top; i++) {
      printf (" %d", stack[i]);
    }
    printf ("¥n");
  }

  if (top != 1) {
    fprintf (stderr, "stack error¥n");
    exit (-1);
  }

  pop (stack, &top, &a);
  return a;
}


/* ---------------------------------------- */
int main ()
{
  int result;
  char rpn_str[] = " 3 6 + 1 2 + / ";

  printf ("RPN expression: %s¥n¥n", rpn_str);
```

```
  result = rpn (rpn_str);
  printf ("¥n");
  printf ("result: %d¥n", result);
  return 0;
}
```

「出力」

```
RPN expression:  3 6 + 1 2 + /

n:  3
n:  3 6
+:  9
n:  9 1
n:  9 1 2
+:  9 3
/:  3

result: 3
```

(解2.9)　コード例(q2-5.c)についてはWeb補助教材を参考にすること。

「q2-5.c」(コードの一部)

```
char rpn_str[] = " 5 1 2 + 4 * + 3 - ";
```

「出力」

```
RPN expression:  5 1 2 + 4 * + 3 -

n:  5
n:  5 1
n:  5 1 2
+:  5 3
n:  5 3 4
*:  5 12
+:  17
n:  17 3
-:  14

result: 14
```

（解2.10） コード例（q2-6.cpp）についてはWeb補助教材を参考にすること。

「q2-6.cpp」

```
/* code: q2-6.cpp   (v1.18.00) */
#include <iostream>
#include <stack>
using namespace std;

int main ()
{
  stack < int >s;

  s.push (300);
  s.push (400);
  s.push (500);

  while (!s.empty ()) {
    cout << "pop: ";
    cout << s.top () << "¥n";
    s.pop ();
  }

  return 0;
}
```

「出力」

```
pop: 500
pop: 400
pop: 300
```

# 3 キュー

**《目標とポイント》** 基本的なデータ構造であるキューの仕組みについて学習する。また，キューに必要な操作や特徴，そして，キューがどのように使われるのか応用例やC言語での実装について学ぶ。
**《キーワード》** キュー，エンキュー，デキュー，キューの仕組み，キューの実装，優先度付きキュー

## 1. キュー

キュー（queue;待ち行列）とは，“列に並んで待つこと”を意味する。キューは，基本的なデータ構造のひとつで，スタックと類似した構造を持っている。ただし，キューの場合は，最初に挿入したデータが，最初に取り出される構造になっている。

キューの構造は図3-1のようになっている。キューに複数のデータがあるとき，最初のデータは，キューの先頭（front），最後のデータは，キューの末尾（rear）となる。このようなキューのデータ構造は，FIFO（First In, First Out；先入れ先出し；フィフォ；ファイフォ）と呼ばれ，データは，“先入れ，先出し”の構造で保存されていく。

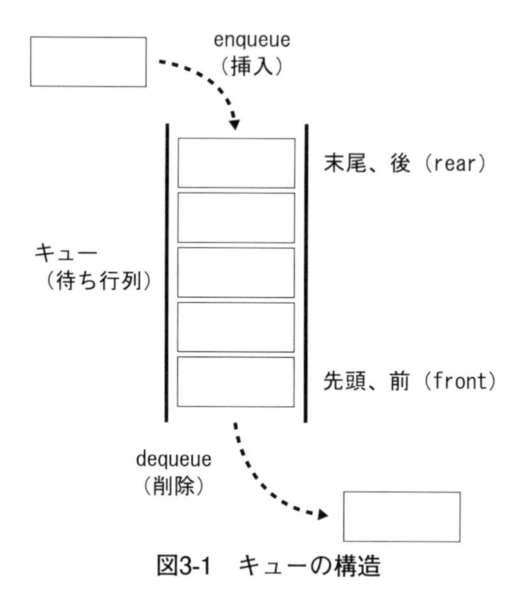


図3-1　キューの構造

キューの基本的な操作としては，以下のようなものがある。

- エンキュー（enqueue；加列）
  データをキューの末尾に入れる。
- デキュー（dequeue；除列）
  キューの先頭からデータを取り出す。

一般的にエンキューとデキューが，キューに対して行われる代表的な操作であるが，ピークのような操作が必要な場合もある。またキューの末尾やキューの任意位置のデータ値を見る派生型のピーク操作も存在する。

- ピーク（peek；覗く）
  キューの先頭データを削除せずにデータ値を見る場合に使われる。

図3-2はキューに対して，デキュー操作を2回行った様子である。図3-3はキューに対して，エンキュー操作を2回行った様子である。スタックとの違いに注意したい。

30
50
20
70
10
末尾
先頭
30
50
20
70
末尾
先頭
30
50
20
末尾
先頭
dequeue
（削除）
10
dequeue
（削除）
70

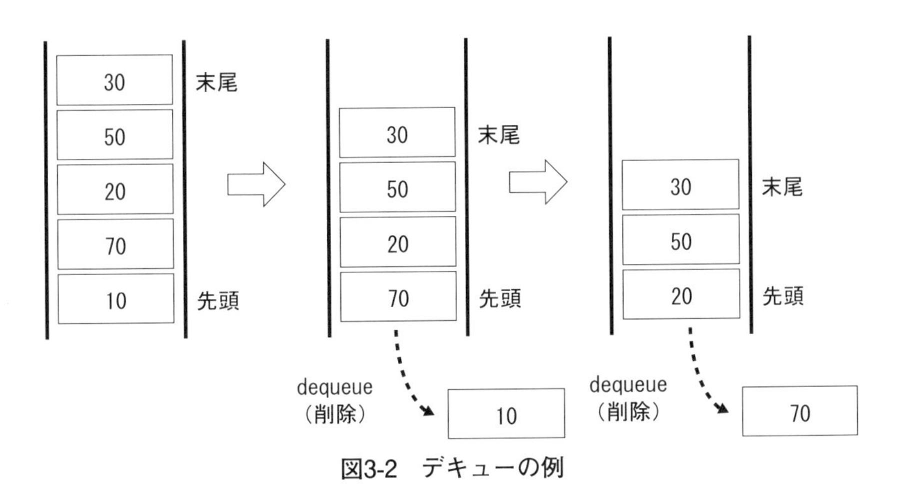

図3-2　デキューの例

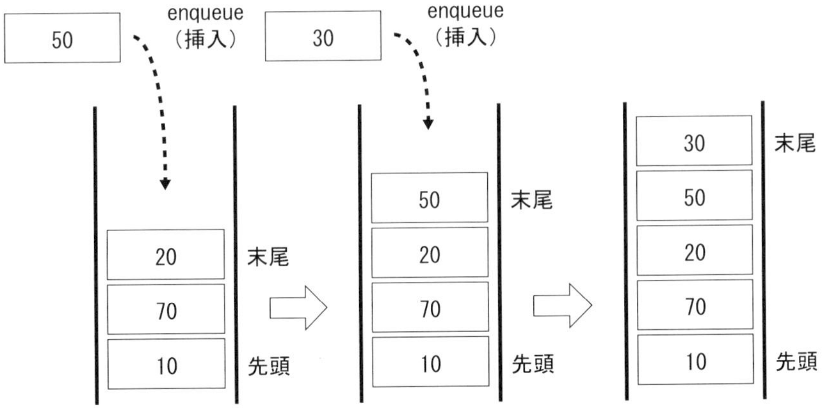

50
enqueue
（挿入）
30
enqueue
（挿入）
20
70
10
末尾
先頭
50
20
70
10
末尾
先頭
30
50
20
70
10
末尾
先頭

図3-3　エンキューの例

## 2. キューの実装

コード3.1は，C言語を用いた整数型データを格納できるキューのコード例である。このコードでは，エンキューとデキューの主要な操作と，キューの初期化の操作が関数として実現されている。キューの先頭と末尾の位置を記録する変数が使われていることに注意したい。なお，このコード3.1のような単純な実装では，エンキューとデキューの操作によっては，先頭と末尾の位置関係から大きな配列が必要となってしまうことがある。そこで，配列の先頭と末尾が連続的に接続した循環構造として扱う，リングバッファ（ring buffer; または circular buffer; 環状バッファ）と呼ばれる構造が一般的に使われることが多い。これを実現するためには，配列を循環的に使用するように添字の計算を工夫しなくてはいけない。例えば，$i$という0以上，$n$未満の値となる整数に対して，$i$+1の値に対して$n$で割ったときの余りの値を返す関数を用意すると，キューとして用いる配列の添字を循環的に算出することができる。例えば，$n$ = 8として，$i$が0以上，7未満であれば，$i$+1は1以上，8未満となる。$i$が7の時は$i$+1は8となり，$n$で割った余りは0となる。この場合，キューを実装している配列の添字値が0となる。このような計算によって，配列を循環的に利用することができる。

[ c3-1.c ]

```
/* code: c3-1.c   (v1.18.00) */
#include<stdio.h>
#include<stdlib.h>

#define MAX 128
#define ENQUEUE_SUCCESS     1
#define ENQUEUE_FAILURE    -1
#define DEQUEUE_SUCCESS     2
```

```
#define DEQUEUE_FAILURE    -2

/* ---------------------------------------- */
void queue_init (int *front, int *rear)
{
  *front = -1;
  *rear = -1;
}

/* ---------------------------------------- */
int enqueue (int q[], int *rear, int data)
{
  if (*rear < MAX - 1) {
    *rear = *rear + 1;
    q[*rear] = data;
    return ENQUEUE_SUCCESS;
  }
  else {
    return ENQUEUE_FAILURE;
  }
}

/* ---------------------------------------- */
int dequeue (int q[], int *front, int rear, int *data)
{
  if (*front == rear) {
    return DEQUEUE_FAILURE;
  }
  *front = *front + 1;
  *data = q[*front];
  return DEQUEUE_SUCCESS;
}

/* ---------------------------------------- */
int main ()
{
  int queue[MAX];
  int front, rear, data;
  int stat;

  queue_init (&front, &rear);
  enqueue (queue, &rear, 100);
  enqueue (queue, &rear, 200);
  enqueue (queue, &rear, 300);
  enqueue (queue, &rear, 400);
  enqueue (queue, &rear, 500);
  while (rear - front) {
```

```
    stat = dequeue (queue, &front, rear, &data);
    if (stat == DEQUEUE_SUCCESS) {
      printf ("%d¥n", data);
    }
    else {
      printf ("QUEUE is empty¥n");
    }
  }
  return 0;
}
```

[出力]

```
100
200
300
400
500
```

**コード3.1：配列を用いたキューの実装例**

## 3. 両端キュー

図3-4のように，キューの構造を拡張したものに，両端キュー（double-ended queue）と呼ばれるものがある（双方向キュー，両頭キューと呼ばれることもある）。両端キューは，dequeと短く略して表現される場合もある（通常，"deck"と発音される）。このキューは，エンキューとデキューの操作を先端と末尾の両方で行うことができる。つまり，キュー（エンキューとデキュー）とスタック（プッシュとポップ）で使われる基本操作を行うことができるため，両端キューの操作に制限をかけたものが，キューとスタックであるともいえる。

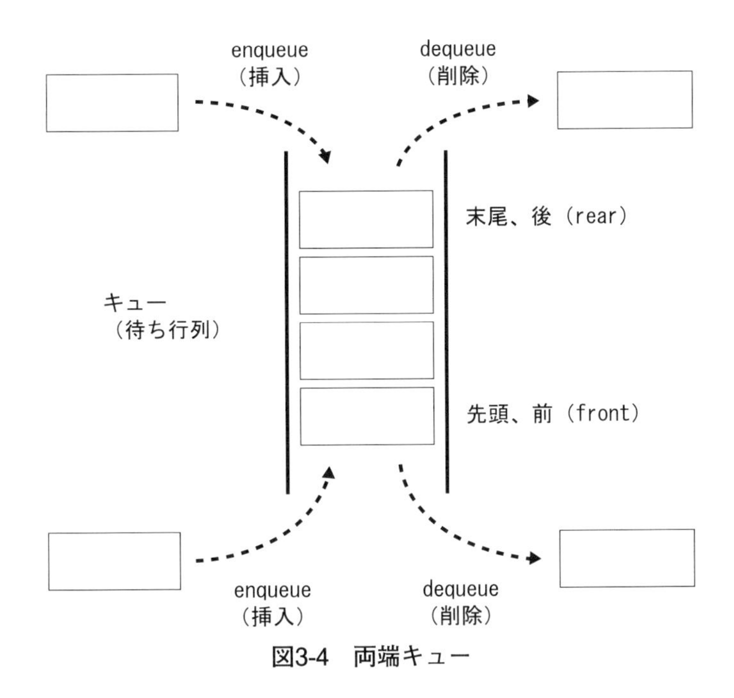


図3-4　両端キュー

## 4. 優先度付きキュー

優先度付きキュー（priority queue; プライオリティキュー）は，キューと同様の構造を持ち，エンキュー（挿入）とデキュー（削除）の操作ができる。ただし，優先度付きキューでは，デキュー操作で優先度が最も高いデータがキューから取り出される。（一般的に優先度は，値の低いものほど優先度が高いとみなすシステムが多い。）

優先度付きキューは，様々なアルゴリズムで用いられる重要なデータ構造の一つである。例えば，オペレーティングシステムのプロセス処理などのアルゴリズム，ダイクストラ法などのグラフのアルゴリズム，ハフマン符号化法などのデータ圧縮アルゴリズムなどでの利用がある。優先度付きキューのエンキューやデキューにかかる計算量が，これらのアルゴリズムにも大きく影響するため，優先度付きキューをどのように実装するかは非常に重要である。本章では，配列を用いた実装について考える。この他にも，連結リスト（4章，5章）やヒープ（14章）を用いた実装がある。

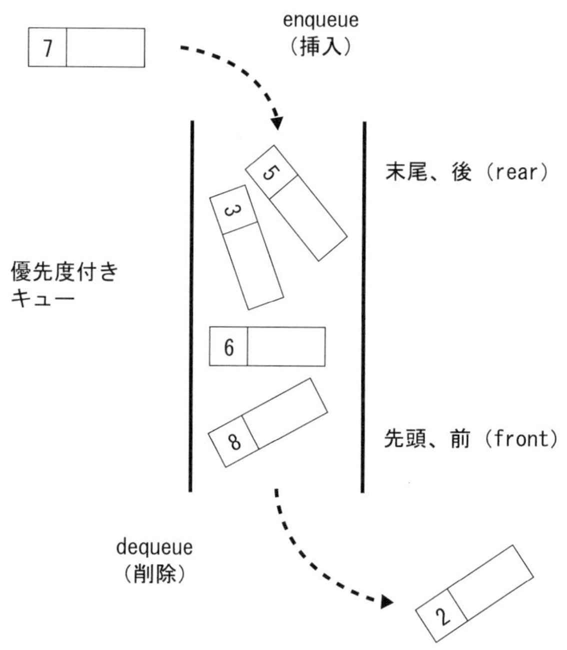


**図3-5　優先度付きキュー（エンキューとデキューの実装は様々な方法があるため，計算量は実装によって異なる。）**

配列を使った実装では，配列（整列なし）の場合と，順序配列（整列有り）の場合を考えることができる。図3-6は，これらの計算量の違いを示している。この例では，優先度付きキューに保存できるデータ個数は8とする。配列による実装であり，キューの先頭と末尾の配列の添字情報を保存する変数を用意して，配列が虫食い状態にならないようにデータを並べる。a，b，c，d，eがデータで，各データには優先度（40，10，30，20，50）がついており，値が低いものほど優先度が高いとする。配列（整列なし）の場合と，順序配列（整列有り）の場合では，エンキューとデキューに必要な計算量は異なっている。

| | 配列（整列無し） | 順序配列（整列有り） |
|---|---|---|
| | \| - \| 40 a \| 50 e \| 20 d \| 30 c \| 10 b \| - \| - \|<br>0 1 2 3 4 5 6 7 | \| - \| 10 b \| 20 d \| 30 c \| 40 a \| 50 e \| - \| - \|<br>0 1 2 3 4 5 6 7 |
| エンキュー（挿入） | O(1) | $O(n)$ |
| デキュー（削除） | $O(n)$ | O(1) |

**図3-6　優先度付きキューの実装方法による計算量の違い**

配列（整列無し）の場合は，エンキューに必要な計算量は，キュー末尾の添字位置がわかっているので，O(1)である。しかし，デキューに必要な計算量は，配列内から最も高い優先度のデータを線形探索する必要があるため計算量は$O(n)$となる。また，配列内のデータを連続的に並べるために，データを移動する計算量も$O(n)$となる。

順序配列（整列有り）の場合は，データのエンキューは計算量は$O(n)$となる。これは整列済みの配列であるため二分探索を用いればデータを挿入する位置は計算量$O(\log n)$で探索できるが，データを挿入するために配列内に空きを作る際にデータ移動が必要であり，この操作のため，結局，計算量は$O(n)$となってしまう。そして，デキューに必要な計算量は，最も優先度の高いデータであるキュー先頭の配列の添字は判明しているので，計算量は$O(1)$である。

なお，14章で説明するヒープのデータ構造を用いた実装であればエンキューとデキューの計算量はどちらも$O(\log n)$となり，非常に高速である。通常，優先度付きキューに対しては，エンキューとデキューの両方の操作が行われることから，ヒープのデータ構造を用いた実装が利用されることが多い。

## 演習問題

（問3.1）　キューに対する重要な操作を2つ答えなさい。

（問3.2）　キューのデータ構造では，最初に挿入したデータが，最初に取り出される構造になっている。空のキューに5つのデータ680, 670, 690, 650, 660を順番にエンキュー（enqueue）すると，キューの先頭データは680，キューの末尾データは660となる。このキューから，デキュー（dequeue）を3回行うと，キューの先頭にあるデータは何か答えなさい。

（問3.3）　優先度付きキューについて簡単に説明しなさい。

（問3.4）　コード3.1の例に，キューの中のデータを表示する関数を付け加えなさい。

（問3.5）　コード3.1の例に，キューの先頭データを削除せずにデータ値を見る「ピーク」の関数を付け加えなさい。そして，問3.2のキューを再現しなさい。

（問3.6）　コード3.1の例では，キューに用いられる配列は非常に多くの要素数を扱うことができない。malloc関数とfree関数を利用したコードを作成しなさい。

（問3.7）　チャレンジ問題　コード3.1の例を変更し，リングバッファ構造でキューを実現するコードを作成しなさい。

(問3.8) **チャレンジ問題** C++のSTL (Standard Template Library) のキュー (queueクラス) を使って，エンキューとデキューを行う簡単なコードを作成しなさい。

**解答例**

(解3.1) エンキュー (enqueue) とデキュー (dequeue)

(解3.2) 650

(解3.3) キューと同様の構造を持ち，エンキュー (挿入) とデキュー (削除) の操作ができる。ただし，優先度付きキューではデキュー操作で，優先度が最も高いデータがキューから取り出される。

(解3.4) キューの中のデータを表示する関数

「q3-1.c」(コードの一部)

```
void queue_display (int q[], int front, int rear)
{
  int i;
  if (front == rear) {
    printf ("QUEUE empty!");
  }
  printf ("[ ");
  for (i = front + 1; i <= rear; i++) {
    printf ("%d ", q[i]);
  }
  printf ("]¥n");
}
```

「出力」

```
[ 100 200 300 400 500 ]
100
200
300
400
500
```

（解3.5）　キューの先頭データを削除せずにデータ値を見る「ピーク」の関数。空のキューに5つのデータ680，670，690，650，660を順番にエンキュー（enqueue）する。このキューから，デキュー（dequeue）を3回行う。

「q3-2.c」（コードの一部）

```
/* ------------------------------------------- */
int peek_front (int q[], int front, int rear, int *data)
{
  if (front == rear) {
    return PEEK_FAILURE;
  }
  *data = q[front + 1];
  return PEEK_SUCCESS;
}

/* ------------------------------------------- */
int main ()
{
  int queue[MAX];
  int front, rear, data, i;
  int d[] = { 680, 670, 690, 650, 660 };

  queue_init (&front, &rear);
  data = 0;

  for (i = 0; i < 5; i++) {
    printf ("enqueue: %d¥n", d[i]);
    enqueue (queue, &rear, d[i]);
  }
```

```
  printf ("¥n");
  for (i = 0; i < 3; i++) {
    dequeue (queue, &front, rear, &data);
    printf ("dequeue: %d¥n", data);
  }

  printf ("¥n");
  peek_front (queue, front, rear, &data);
  printf ("peek_front: %d¥n", data);


  return 0;
}
```

「出力」

```
enqueue: 680
enqueue: 670
enqueue: 690
enqueue: 650
enqueue: 660

dequeue: 680
dequeue: 670
dequeue: 690

peek_front: 650
```

（解3.6） malloc関数とfree関数を利用したコード。malloc関数のエラー処理は省略している。

「q3-3.c」（コードの一部）

```
/* ------------------------------------------ */
int main ()
{
  int *queue;
  int front, rear, data;
  int i, stat;

  queue = malloc (sizeof (int) * MAX);
```

```
  queue_init (&front, &rear);

  printf ("queue size: %d¥n¥n", DATA_SIZE);

  printf ("enqueue:¥n");
  for (i = 0; i < DATA_SIZE; i++) {
    data = rand () % 1000;
    if (i < 10)
      printf ("%3d ", data);
    enqueue (queue, &rear, data);
  }
  printf ("¥n");


  printf ("dequeue:¥n");
  while ((10 - 1) - front) {
    stat = dequeue (queue, &front, rear, &data);
    if (stat == DEQUEUE_SUCCESS) {
      printf ("%d ", data);
    }
    else {
      printf ("QUEUE is empty¥n");
    }
  }
  printf ("¥n");

  free (queue);

  return 0;
}
```

「出力」

```
queue size: 100000000

enqueue:
383 886 777 915 793 335 386 492 649 421
dequeue:
383 886 777 915 793 335 386 492 649 421
```

（解3.7）　配列をリングバッファ化したキューのコード例（q3-4.c）についてはWeb補助教材を参考にすること。

（解3.8） C++のSTLのキュー（queueクラス）を使って，エンキューとデキューを行う簡単なコード例。メンバ関数等については，オンラインマニュアルやC++の書籍を参考にすること。

「q3-5.cpp」

```
/* code: q3-5.cpp   (v1.18.00) */
#include <iostream>
#include <queue>
using namespace std;

int main ()
{
  queue < int >q;

  q.push (100);
  q.push (200);
  q.push (300);
  q.push (400);

  while (!q.empty ()) {
    cout << "dequeue: ";
    cout << q.front () << "¥n";
    q.pop ();
  }

  return 0;
}
```

「出力」

```
dequeue: 100
dequeue: 200
dequeue: 300
dequeue: 400
```

# 4 連結リスト

**《目標とポイント》** 連結リストの仕組みについて学習する。連結リストに対するデータの探索，挿入，削除等の基本的な操作について学ぶ。また，連結リストと配列との操作効率の違いについて学習する。
**《キーワード》** 連結リストのしくみ，挿入，削除，探索，計算量，配列との比較

## 1. 連結リスト

配列は，直観的にわかりやすくデータを格納できる便利な構造を持っている。また，配列のデータは添字を利用して定数時間で高速にアクセスすることが可能である。しかし，古典的なプログラミング言語においては，配列に格納するデータのサイズを宣言した後は，配列のサイズを変更するのが困難である。そのため，あらかじめ使用する配列のデータ数を見積もっておく必要がある[†1]。近代的なプログラミング言語では，可変長配列と呼ばれる要素数によって自動的に要素数が拡張する配列を利用できるものもあるが，配列の性質上，配列の添字とデータ位置は固定された関係になるため，すでにデータで埋まっている位置へデータ挿入を行ったり，データ削除によって生じる空きを埋めようとしたりすると配列の要素を移動するという高負荷な処理が必要になる。

連結リスト（linked list；リンク・リスト；リンクト・リスト；線形

†1：ただし，多くのC言語コンパイラではmalloc関数，free関数を用いればヒープメモリ領域に動的に配列を確保・解放できる。また，realloc関数によって配列要素数を変更することも可能である。

リスト；片方向連結リスト）と呼ばれるデータ構造を用いると，利用したいデータの個数だけメモリを確保したり，メモリ解放したりできるのでメモリを効率的に利用できる。また，連結リストでは，データ間の相対的な位置の変更が簡単であるため，配列のようにデータの挿入や削除によって生じる大量のデータ移動のような高負荷な処理が起こらない。

図4-1は，5つの整数データ（20，18，47，19，70）を格納した配列（上）と連結リスト（下）の例である。この例では，配列は10個の整数型データを格納できるようになっており，配列の添字0から4までの位置に，5つのデータが格納されている。連結リストは，整数型のデータを格納する部分と，ポインタ部分からなる構造体でできている。この構造体で表現されたデータはノード（node）と呼ばれる。この例では，5つのノードに5つの整数データが格納されている。各ノードは，ポインタ（pointer）によって連結されており，ポインタ部分には，連結する次のノードを指し示すメモリアドレス値が記録されている。連結リストの最後のノードには，次に連結するノードがないので，ポインタ部分は空を意味する斜線となっている。C言語の場合には，NULLポインタが記録される（プログラミング言語によってはNILという表現が使われる）。なお，この

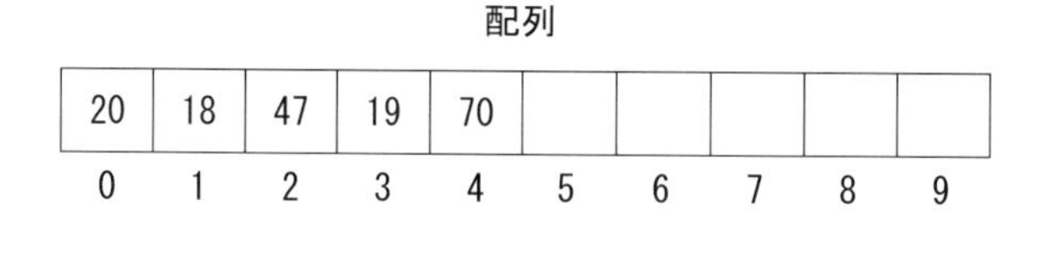


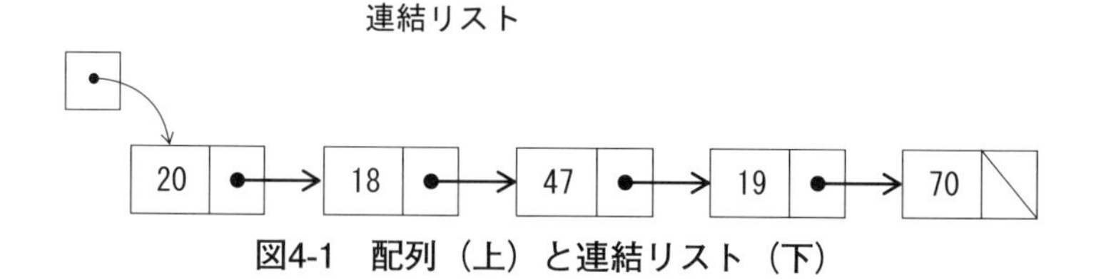


図4-1　配列（上）と連結リスト（下）

ようなデータの終了などを示すために配置される特殊なデータは番兵（sentinel；センチネル）と呼ばれることもある。

連結リストをC言語で実装する場合，図4-2のような構造体の宣言がコードで利用される。node構造体のメンバーは，dataという整数型の変数，nextという次のノードを指し示すためのポインタで構成されている。そしてtypedefという既存のデータ型に新たな名前をつける宣言（type defineの意味）によって，node構造体にNODE_TYPEという名前をつけている。

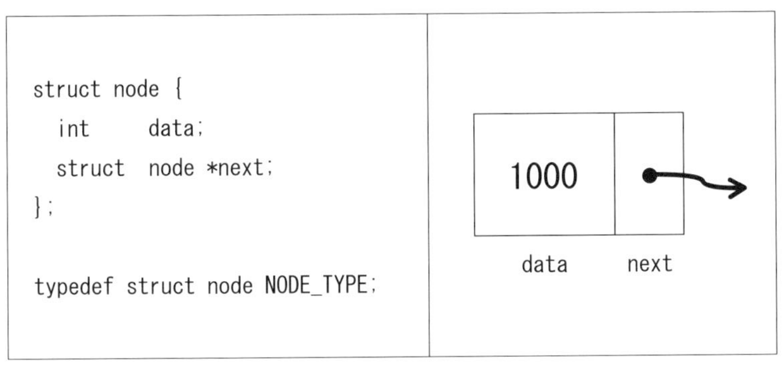


**図4-2　ノードの構造体宣言（左）とノード（右）**

コード4.1は4つのノードを持つ連結リストを作成するプログラムである。図4-3は対応する連結リストの図である。malloc関数で各ノードに必要なメモリを確保し，各ノードが次のノードを指すようにしている。そしてデータ部分には整数値を代入している。末尾となるノードには，NULLを設定する。各ノードの値を表示するlinked_list_print関数では，while文を利用して，先頭のノードから末尾のノードまでポインタを辿りながら，ノードの値を表示していく。なお，コード4.1ではmalloc関数がメモリを確保できなかった場合のエラー処理を省略している。また

free関数によるメモリ解放も行っていない。

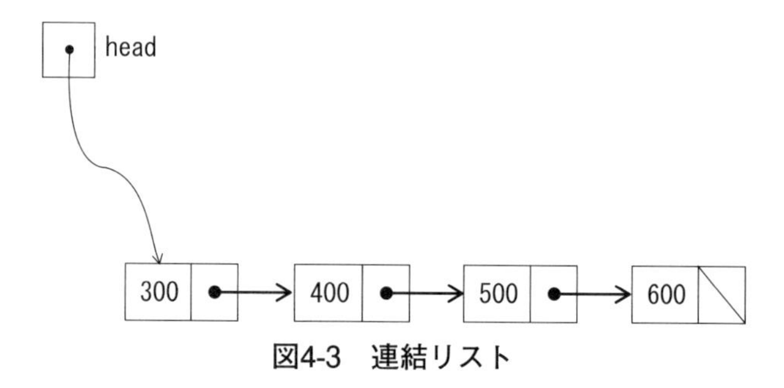


図4-3　連結リスト

[ c4-1.c ]

```
/* code: c4-1.c   (v1.18.00) */
#include<stdio.h>
#include<stdlib.h>
struct node
{
  int data;
  struct node *next;
};
typedef struct node NODE_TYPE;

/* ---------------------------------------- */
void linked_list_print (NODE_TYPE * node)
{
  while (NULL != node) {
    printf ("%d ", node->data);
    node = node->next;
  }
  printf ("¥n");
}

/* ---------------------------------------- */
int main ()
{
  NODE_TYPE *head;
  head = malloc (sizeof (NODE_TYPE));
  head->data = 300;
  head->next = malloc (sizeof (NODE_TYPE));
  head->next->data = 400;
```

```
    head->next->next = malloc (sizeof (NODE_TYPE));
    head->next->next->data = 500;
    head->next->next->next = malloc (sizeof (NODE_TYPE));
    head->next->next->next->data = 600;
    head->next->next->next->next = NULL;
    linked_list_print (head);
    return 0;
}
```

[出力]

```
300 400 500 600
```

**コード4.1：連結リスト**

## 2. ノード挿入

前節の連結リストの構造体（図4-2）を利用し，連結リストに関連した操作を実現するコードを考える。連結リストに関連した重要な操作としては，挿入と削除がある。これらの操作をそれぞれC言語の関数として実装することを考える。

連結リストへのノード挿入ではリストのどこへノードを挿入するかによって処理が異なる。考慮しなくてはいけないケースとしては，①先頭部分への挿入，②末尾部分への挿入，③中間部分への挿入がある。

### 2.1　先頭へのノード挿入

最も簡単なのは，図4-4のように連結リストの先頭（head）部分にノードを挿入する場合である。コード4.2は，新たなノードを連結リストの先頭部分へ挿入する関数の例である。この関数の引数は，NODE_TYPEへのダブルポインタ[†2]とノードに挿入する整数である。この関数では，

†2：ダブルポインタ（double pointer）というのは，ポインタのポインタ（多重間接参照）のことである。ポインタは変数のアドレスを格納する変数である。ポインタ変数自身もアドレスが割り当てられている。そのポインタ変数のアドレスを格納するためのポインタである。

新たに挿入するノードのためのメモリをmalloc関数で確保を試みる。そして，新たなノードにデータ値を代入する。リストが空の場合とそうでない場合で処理が異なる。リストが空でない場合は，新たなノードがこれまでの先頭ノードを指すようにポインタの値を設定する。そして，headポインタが新たに作成したノードを指すようにする。このコードではheadポインタの値を関数内で更新するため，ダブルポインタを用いているが，関数が返り値としてheadポインタを返すようにするなど，更新を反映させる様々な実装が考えられる。（なお，このコードを含め以降のコードでは，malloc関数がメモリを確保できない場合のエラー処理等は省略している。）

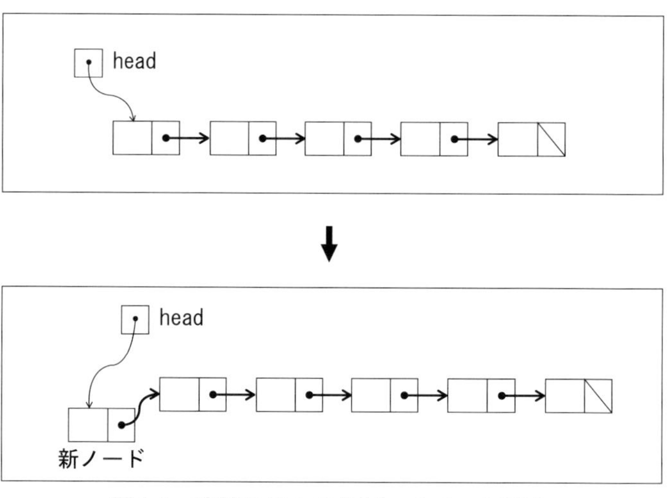


図4-4　連結リストの先頭へのノード挿入

[ c4-2.c ]

```
/* code: c4-2.c   (v1.18.00) */
#include<stdio.h>
#include<stdlib.h>
#define NOT_FOUND (-1)
#define DATA_SIZE 6

struct node
{
  int data;
  struct node *next;
};
typedef struct node NODE_TYPE;

/* ---------------------------------------- */
void linked_list_insert_head (NODE_TYPE ** head, int data)
{
  NODE_TYPE *new_node;
  new_node = malloc (sizeof (NODE_TYPE));
  new_node->data = data;
  if (*head == NULL) {
    new_node->next = NULL;
    *head = new_node;
  }
  else {
    new_node->next = *head;
    *head = new_node;
  }
}

/* ---------------------------------------- */
void linked_list_print (NODE_TYPE * head)
{
  printf ("Linked_list [ ");
  while (NULL != head) {
    printf ("%02d ", head->data);
    head = head->next;
  }
  printf ("]¥n");
}

/* ---------------------------------------- */
int main ()
{
  NODE_TYPE *head;
```

```
  int i, data1;

  head = NULL;
  for (i = 0; i < DATA_SIZE; i++) {
    data1 = (int) rand () % 100;
    printf ("inserting (head) : ");
    printf ("%02d¥n", data1);
    linked_list_insert_head (&head, data1);
  }
  linked_list_print (head);
  return 0;
}
```

[出力]

```
inserting (head) : 83
inserting (head) : 86
inserting (head) : 77
inserting (head) : 15
inserting (head) : 93
inserting (head) : 35
Linked_list [ 35 93 15 77 86 83 ]
```

**コードド4.2：連結リストの先頭へのノード挿入**

## 2.2　末尾へのノード挿入

図4-5は連結リストの末尾へノード挿入する場合である。連結リストの先頭部分へノード挿入をする場合に類似している。ここでは，リストが空の場合の処理，そして，リストが空ではない場合，先頭ノードから順番に末尾ノードまで辿ってから，新規のノードを末尾に挿入する処理が必要である。新たなノードを連結リストの末尾（tail）部分へ挿入する関数については，（問4.7）のコードを参照すること。

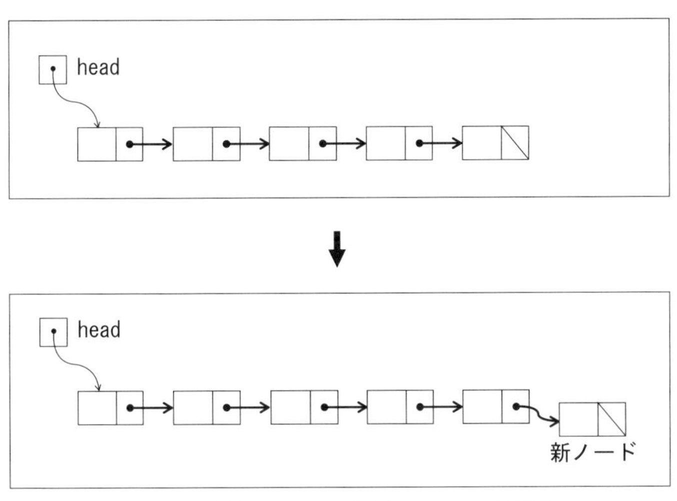


図4-5　連結リストの末尾へのノード挿入

### 2.3　中間へのノード挿入

図4-6は連結リスト中間へノード挿入する場合である。どのノードの間に新たなノードを挿入するのか位置を指定するためには，ノードのデータ値を考慮する場合や，先頭ノードから何番目といった順番を考慮する場合がある。挿入位置の決定の仕方は連結リスト利用の目的によって異なる。いずれの場合でも，新たに挿入するノードの前のノード，新たに挿入するノードの次のノードの情報が必要になる。

配列では，データを空きの無い部分へ挿入しようとする場合，まず，空き部分を作るため配列のデータを移動する必要がある。しかし，連結リストのノード挿入では，図のようにノードのポインタの値を変更するだけで済み，配列の場合のような高負荷なデータ移動が不要であり，高速なデータ挿入の処理が行える。

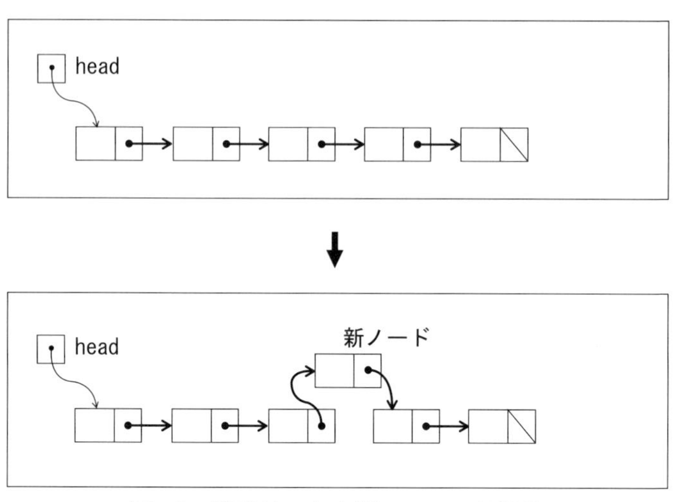


図4-6　連結リスト中間へのノード挿入

## 3. ノード削除

連結リストへのノード削除ではリストのどのノードを削除するかによって処理が異なる。考慮しなくてはいけないケースとしては，①先頭部分からの削除，②末尾部分からの削除，③中間部分からの削除がある。

### 3.1　先頭ノードの削除

図4-7は先頭ノードを削除する例である。先頭ノードの削除では，headポインタが連結リストの2番目のノードを指すように変更し，必要があれば，先頭ノードのデータ値を取り出す。そして，先頭ノードに使われていたメモリを解放する。コード4.3は先頭ノードを削除する例である。

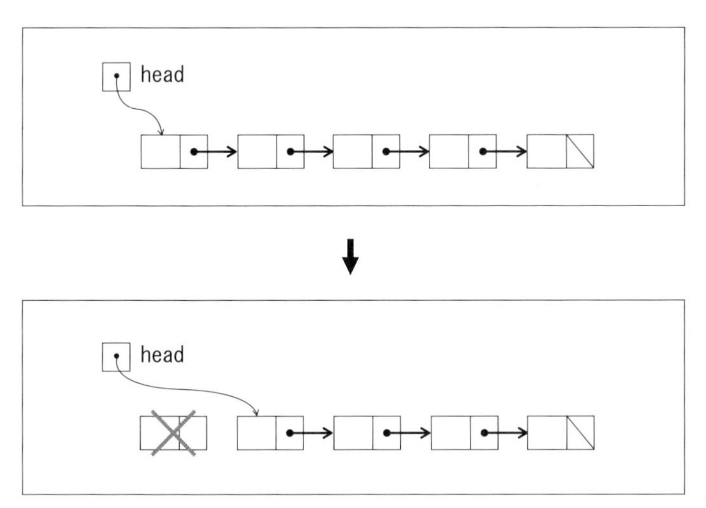


図4-7　連結リストの先頭ノードの削除

[ c4-3.c ]

```
/* code: c4-3.c   (v1.18.00) */
#include<stdio.h>
#include<stdlib.h>
#define NOT_FOUND (-1)
#define DATA_SIZE 6
struct node
{
  int data;
  struct node *next;
};
typedef struct node NODE_TYPE;

/* ---------------------------------------- */
int linked_list_delete_head (NODE_TYPE ** head)
{
  int data;
  NODE_TYPE *temp;
  if (*head == NULL) {
    return NOT_FOUND;
  }
  data = (*head) ->data;
```

```
  temp = (*head);
  *head = (*head) ->next;
  free (temp);
  return data;
}

/* ------------------------------------------ */
void linked_list_insert_head (NODE_TYPE ** head, int data)
{
  NODE_TYPE *new_node;
  new_node = malloc (sizeof (NODE_TYPE));
  new_node->data = data;
  if (*head == NULL) {
    new_node->next = NULL;
    *head = new_node;
  }
  else {
    new_node->next = *head;
    *head = new_node;
  }
}

/* ------------------------------------------ */
void linked_list_print (NODE_TYPE * head)
{
  printf ("Linked_list [ ");
  while (NULL != head) {
    printf ("%02d ", head->data);
    head = head->next;
  }
  printf ("]¥n");
}

/* ------------------------------------------ */
int main ()
{
  NODE_TYPE *head;
  int i, data1;

  head = NULL;
  for (i = 0; i < DATA_SIZE; i++) {
    data1 = (int) rand () % 100;
    printf ("inserting (head) : ");
    printf ("%02d¥n", data1);
    linked_list_insert_head (&head, data1);
  }
  linked_list_print (head);
```

```
  for (i = 0; i < DATA_SIZE / 2; i++) {
    printf ("deleting (head) : ");
    data1 = linked_list_delete_head (&head);
    printf ("%02d¥n", data1);
  }
  linked_list_print (head);
  return 0;
}
```

[出力]

```
inserting (head) : 83
inserting (head) : 86
inserting (head) : 77
inserting (head) : 15
inserting (head) : 93
inserting (head) : 35
Linked_list [ 35 93 15 77 86 83 ]
deleting (head) : 35
deleting (head) : 93
deleting (head) : 15
Linked_list [ 77 86 83 ]
```

**コード4.3：連結リストの先頭ノードの削除**

### 3.2　末尾ノードの削除

図4-8は連結リストの末尾ノードを削除する例である。末尾ノードの削除の場合は，連結リストの先頭からノードを横断していく。そして，末尾ノードの一つ手前のノードを探し，このノードが末尾となるようにポインタにはNULLを設定する。削除する末尾ノードからは，必要があればデータ値をとりだす。そして，ノードに使われていたメモリを解放する。連結リストの末尾ノードを削除する関数については，（問4.7）のweb補助教材の解答例コードを参照すること。

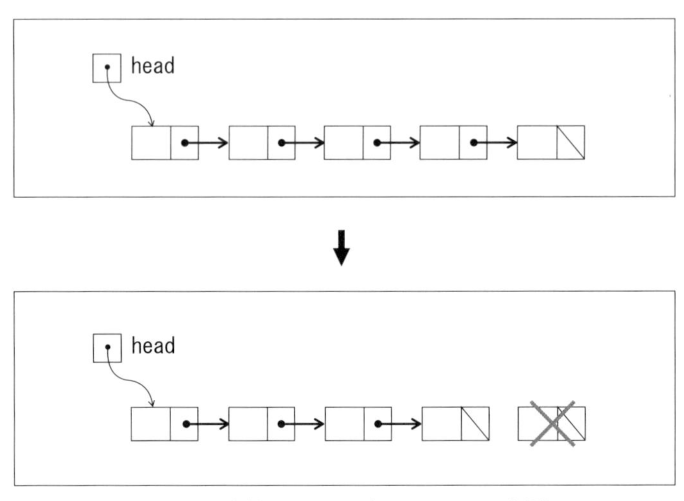


図4-8　連結リストの末尾ノードの削除

### 3.3　中間ノードの削除

図4-9は，連結リストの中間に位置するノードの削除である。この場合，削除ノードの1つ手前のノード，削除ノードの1つ後のノードに関する情報が必要になる。この2つのノードが削除したいノードを経由せずに直接連結するようにポインタ情報を書き換えることで中間ノードの削除ができる。

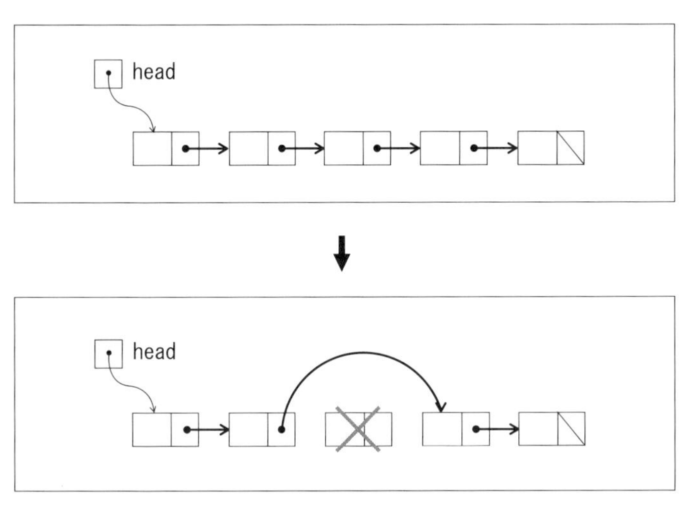


図4-9　連結リストの中間ノードの削除

## 4. 連結リストの操作に関する計算量

表4-1は図4-4のような連結リストの先頭を指すheadポインタを1つ持っている連結リストの操作に関する計算量を示したものである。

ただし，（問4.8）のようなheadとtailのポインタを両方もつ連結リストの場合は計算量が異なる。tailのポインタを利用した場合，O(1)のノード挿入が可能である。

表4-1　連結リストの操作に関する計算量

| 連結リストに対する操作 | 計算量 |
| --- | --- |
| 先頭でのノード挿入・ノード削除 | O(1) |
| 末尾でのノード挿入・ノード削除 | $O(n)$ |
| 中間でのノード挿入・ノード削除 | $O(n)$ |

## 演習問題

（問4.1） 連結リストの主要な操作と操作機能について簡単に説明しなさい。

（問4.2） C言語で実装した連結リストの特徴を列挙しなさい。

（問4.3） 連結リストの利点を列挙しなさい。

（問4.4） 連結リストの欠点を列挙しなさい。

（問4.5） コード4.2を拡張して，特定のデータ値を持つノードを探索する関数を作成しなさい。関数ではノードの先頭から最初に発見できたノードが何番目のノードであるか関数の値として返すこと，発見できなければ−1を返すこと。

（問4.6） コード4.2を拡張して，連結リスト内のノード数を数える関数（連結リストの長さを調べる関数）を作成しなさい。

（問4.7） **チャレンジ問題** コード4.3を拡張して，連結リストの末尾にノードを挿入する関数，連結リストの末尾からノードを削除する関数，ノードを表示する関数を作成しなさい。

（問4.8） **チャレンジ問題** 通常，連結リストの実装では，先頭のノードを指すheadだけを使う場合が多いが，headと末尾のノードを指すtailの両方を利用する実装も存在する。（双端リスト；

double-ended listと呼ばれることもある。）このような連結リストでは，末尾部分の挿入処理が簡単になる。このような実装において，リスト先頭部分でノード挿入をする関数，リスト末尾部分でノード挿入をする関数，ノード探索をする関数，任意ノード削除を行う関数を作成しなさい。

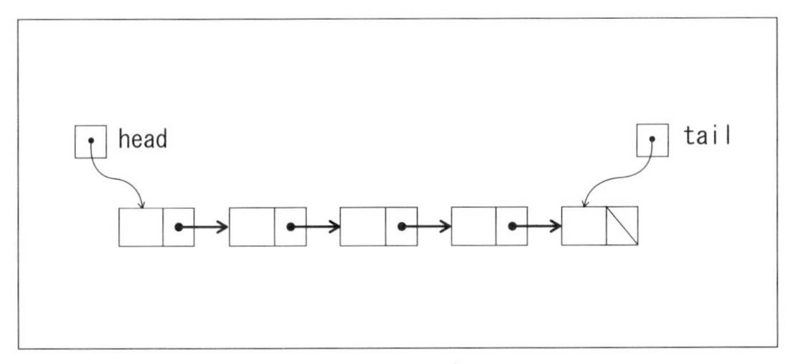


図4-10　連結リスト（headとtailの利用）

（問4.9）**チャレンジ問題**　コード4.3を拡張して，連結リストのノードを全て削除して連結リストのメモリを解放する関数を作成しなさい。

（問4.10）**チャレンジ問題**　C++のSTLでは，連結リスト（singly-linked list）の実装によるforward_listが利用できる（C++11規格から）。また，双方向連結リスト（doubly-linked list）の実装によるlistが利用できる。listクラスを使ってデータの挿入と削除を行うコードを作成しなさい。

**解答例**

（解4.1）　主要な操作としては以下の2つがあげられる。

✓　データの挿入：データを連結リストに挿入する。

✓　データの削除：データを連結リストから削除し，そのデータ値を取得する。

（解4.2）

✓　ノードはデータ部分とポインタ部分からなる。

✓　ノードはポインタで接続される。

✓　末尾となるノードのポインタにはNULLが設定される。

✓　プログラム実行中にデータを保存するためのノードを確保，解放ができる。

✓　ノードにはデータだけでなくポインタ用のメモリが余分に必要になる。

（解4.3）　利点

✓　配列のように使用するデータの数を見積もる必要がなく，プログラム実行時にノードの確保や解放によってデータ数の増減に柔軟に対応できる。（ただし，可変長配列，動的配列のようにデータ数の増減に対応できるケースもある。）

✓　連結リストでは，任意の位置へのノードの挿入やノードの削除が配列に比べて高速に行える。配列では，データの移動処理に時間がかかる。（配列が虫食い状態にならないようにする場合）

✓　ポインタを利用することで，2つのリストを1つに接続する処理や，1つのリストを2つに分割するといった処理が配列よりも高速に行える。配列の場合はデータコピー等の処理に時間がかかる。

(解4.4)　欠点

- ✓ データへのアクセスに時間がかかる。配列は添字を利用して，ランダムアクセスが可能であるが，連結リストでは基本的にノードを辿るシーケンシャルアクセスとなる。
- ✓ 構造が配列よりもやや複雑である。
- ✓ 各ノードでノードを連結するためのポインタ用のメモリが余分に必要になる。

(解4.5)　コードはWeb補助教材を参照（q4-1.c）

[ q4-1.c ] （コードの一部）

```
int linked_list_search_node (NODE_TYPE * head, int key)
{
  int i;
  i = 0;
  while (NULL != head) {
    if (key == head->data) {
      return i;
    }
    head = head->next;
    i++;
  }
  return NOT_FOUND;
}
```

(解4.6)　コードはWeb補助教材を参照（q4-2.c）

[ q4-2.c ] （コードの一部）

```
int linked_list_length (NODE_TYPE * head)
{
  int c;
  c = 0;
  while (NULL != head) {
    head = head->next;
    c++;
  }
  return c;
}
```

（解4.7） コードはWeb補助教材を参照（q4-3.c）。

（解4.8） コードはWeb補助教材を参照（q4-4.c）。

（解4.9） コードはWeb補助教材を参照（q4-5.c）。

（解4.10） C++のSTLの連結リストの例。

[ q4-6.cpp ]

```
/* code: q4-6.cpp   (v1.18.00) */
#include <iostream>
#include <list>
#include <cstdlib>
using namespace std;

int main ()
{
  list < int >dl;
  list < int >::iterator ptr;
  int i, r;

  for (i = 0; i < 3; i++) {
    r = rand () % 100;
    cout << "push_front: " << r << "¥n";
    dl.push_front (r);
  }
  cout << "list (" << dl.size () << ") : ";
  ptr = dl.begin ();
  while (ptr != dl.end ()) {
    cout << *ptr++ << " ";
  }
  cout << "¥n¥n";

  for (i = 0; i < 3; i++) {
    r = rand () % 100;
    cout << "push_back:  " << r << "¥n";
    dl.push_back (r) ;
  }
  cout << "list (" << dl.size () << ") : ";
  ptr = dl.begin ();
  while (ptr != dl.end ()) {
```

```
    cout << *ptr++ << " ";
  }
  cout << "¥n¥n";

  for (i = 0; i < 3; i++) {
    cout << "pop_front ¥n";
    dl.pop_front ();
  }
  cout << "list (" << dl.size () << ") : ";
  ptr = dl.begin ();
  while (ptr != dl.end ()) {
    cout << *ptr++ << " ";
  }
  cout << "¥n";

  return 0;
}
```

[出力]

```
push_front: 83
push_front: 86
push_front: 77
list (3) : 77 86 83

push_back:  15
push_back:  93
push_back:  35
list (6) : 77 86 83 15 93 35

pop_front
pop_front
pop_front
list (3) : 15 93 35
```

なお，C++11以降では，より高度な乱数ライブラリ（ヘッダは〈random〉）を利用することが可能である。

- 解答例のコードでは，malloc関数のエラー処理，free関数によるメモリの解放，引数の値のチェック等を省略しているコードがあるので注意。

# 5 連結リストの応用

**《目標とポイント》** 連結リストを用いたスタックとキューのデータ構造の実装例について学習する。また，連結リスト（片方向連結リスト）の構造を拡張した，双方向連結リスト，環状連結リスト，環状双方向連結リスト等について学ぶ。そして，これらのリスト構造における利点や欠点，連結リストへのデータの挿入や削除の計算量について考える。
**《キーワード》** 連結リスト，スタックとキューの実装，双方向連結リスト，環状連結リスト，双方向環状連結リスト，優先度付きキュー

## 1. 連結リストを利用したスタックの実装

2章のスタックでは，配列を用いたスタックの実装を行った。スタックは連結リストを使っても実装することができる。一般的に，古いプログラミング言語の配列でスタックを実装した場合，扱うデータが配列に収まるように大きめの配列を用意しなくてはならない。そのため，配列に使われない部分が生じてメモリが無駄になる。しかし，連結リストを利用した実装であれば，ノードを連結するためのポインタ用のメモリが余分に消費されてしまうが，プログラム実行中に利用したいデータの個数だけノードを確保したり，解放したりできるのでメモリの無駄が少ない。

図5-1は連結リストを利用したスタックのデータ構造の図である。連結リストの先頭ノードをスタックの頂上と考え，連結リストの先頭で

ノードを挿入するプッシュ（push）操作，連結リストの先頭でノードを削除すると同時にノードの値を取得するポップ（pop）の操作を行えば，スタックの機能を実現することができる。

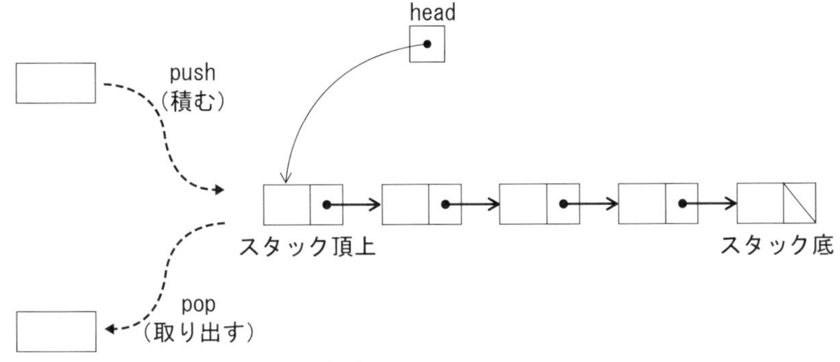


**図5-1　連結リストによるスタック**

コード5.1は,連結リストを利用したスタックの実装例である。前章（4章）での連結リスト実装で使った,連結リスト先頭へのノード挿入がプッシュ（push）のコード,連結リスト先頭からのノード削除がポップ（pop）のコードになる。

[ c5-1.c ]

```
/* code: c5-1.c   (v1.18.00) */
#include<stdio.h>
#include<stdlib.h>
#define STACK_UNDERFLOW (-1)
#define DATA_SIZE 6
struct node
{
  int data;
  struct node *next;
};
typedef struct node NODE_TYPE;
```

```
/* --------------------------------------------- */
void stack_push (NODE_TYPE ** head, int data)
{
  NODE_TYPE *new_node;
  new_node = malloc (sizeof (NODE_TYPE));
  new_node->data = data;
  new_node->next = *head;
  *head = new_node;
}

/* --------------------------------------------- */
int stack_pop (NODE_TYPE ** head)
{
  int data;
  NODE_TYPE *temp;
  if (*head == NULL) {
    return STACK_UNDERFLOW;
  }
  data = (*head)->data;
  temp = (*head) ;
  *head = (*head)->next;
  free (temp);
  return data;
}

/* --------------------------------------------- */
void stack_print (NODE_TYPE * head)
{
  if (head == NULL) {
    printf ("stack is empty.¥n");
    return;
  }
  printf ("stack [ ");
  while (NULL != head) {
    printf ("%02d ", head->data);
    head = head->next;
  }
  printf ("]¥n");
}

/* --------------------------------------------- */
int main ()
{
  NODE_TYPE *stack;
  int i, data1;
  stack = NULL;
```

```
  for (i = 0; i < DATA_SIZE; i++) {
    data1 = (int) rand () % 100;
    printf ("push: ");
    printf ("%02d¥n", data1);
    stack_push (&stack, data1);
  }
  stack_print (stack) ;
  for (i = 0; i < DATA_SIZE / 2; i++) {
    printf ("pop: ") ;
    data1 = stack_pop (&stack);
    printf ("%02d¥n", data1);
  }
  stack_print (stack);
  return 0;
}
```

[出力]

```
push: 83
push: 86
push: 77
push: 15
push: 93
push: 35
stack [ 35 93 15 77 86 83 ]
pop: 35
pop: 93
pop: 15
stack [ 77 86 83 ]
```

**コード5.1：連結リストを利用したスタックの実装例**

## 2. 連結リストを利用したキューの実装

図5-2は連結リストを利用したキューの図である。連結リストの先頭をキューの先頭と考え，連結リストの先頭でノードを削除するデキュー（dequeue）操作，連結リストの末尾部分でノードを挿入するエンキュー（enqueue）操作を行えば，キューの機能を実現することができる。この連結リストでは，headポインタだけでなく，tailポインタも利用する実装とする。

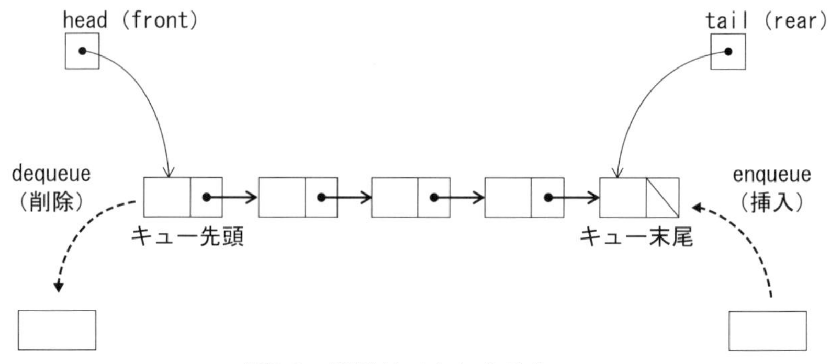


図5-2　連結リストによるキュー

コード5.2は，連結リストを利用したキューの実装例である。連結リスト先頭（キュー先頭）からのノード削除がデキューのコード，連結リスト末尾（キュー末尾）へのノード挿入がエンキューのコードになる。図5-2のように，連結リスト末尾（キュー末尾）を指すtailポインタも利用するとエンキューの操作が効果的になる。headポインタのみを利用する実装では，ノードを横断する余分な操作が必要となる。なお，コード5.2では，キューの実装であるためheadとtailではなく，rearとfrontという変数名を用いている。

[ c5-2.c ]

```
/* code: c5-2.c   (v1.18.00) */
#include <stdio.h>
#include <string.h>
#include <stdlib.h>
#define DATA_SIZE 6
#define QUEUE_EMPTY (-1)
struct node
{
  int data;
  struct node *next;
```

```
};
typedef struct node NODE_TYPE;

/* ---------------------------------------- */
void q_enque (NODE_TYPE ** front, NODE_TYPE ** rear, int data)
{
  NODE_TYPE *new_node;
  new_node = malloc (sizeof (NODE_TYPE));
  new_node->data = data;
  new_node->next = NULL;
  if (*rear == NULL) {
    *front = *rear = new_node;
  }
  else {
    (*rear)->next = new_node;
    *rear = new_node;
  }
}

/* ---------------------------------------- */
int q_dequeue (NODE_TYPE ** front, NODE_TYPE ** rear)
{
  int data;
  NODE_TYPE *temp;
  if (*front == NULL) {
    return QUEUE_EMPTY;
  }
  temp = *front;
  data = (*front)->data;
  if (*front == *rear) {
    *front = *rear = NULL;
  }
  else {
    *front = (*front)->next;
  }
  free (temp);
  return data;
}

/* ---------------------------------------- */
void q_print (NODE_TYPE * front)
{
  printf ("queue [ ");
  while (front != NULL) {
    printf ("%02d ", front->data);
    front = front->next;
  }
```

```
  printf ("]¥n");
}

/* ------------------------------------------ */
int main ()
{
  int i, data1;
  NODE_TYPE *front, *rear;

  front = NULL;
  rear = NULL;
  for (i = 0; i < DATA_SIZE; i++) {
    data1 = (int) rand () % 100;
    printf ("enqueue: ");
    printf ("%02d¥n", data1);
    q_enque (&front, &rear, data1);
  }
  q_print (front);
  for (i = 0; i < DATA_SIZE / 2; i++) {
    printf ("dequeue: ");
    data1 = q_dequeue (&front, &rear);
    printf ("%02d¥n", data1);
  }
  q_print (front);

  return 0;
}
```

[出力]

```
enqueue: 83
enqueue: 86
enqueue: 77
enqueue: 15
enqueue: 93
enqueue: 35
queue [ 83 86 77 15 93 35 ]
dequeue: 83
dequeue: 86
dequeue: 77
queue [ 15 93 35 ]
```

**コード5.2：連結リストを利用したキューの実装例**

# 3. 連結リストの派生データ構造

通常，連結リストというと，片方向連結リスト（singly linked list）を示す。連結リストには構造を拡張したものがいくつか存在する。例としては，環状連結リスト（circular linked list），双方向連結リスト（doubly linked list），環状双方向連結リスト（circular doubly linked list）などがある。なお，連結リストの派生データ構造の読み方は日本語，英語ともにいくつかのバリエーションがある。例えば，片方向連結リストは，単方向連結リスト，一方向連結リスト等で呼ばれることもある。

## 3.1　双方向連結リスト

双方向連結リスト（doubly linked list）は図5-3のような構造になっている。双方向連結リストの特徴は各ノードに前のノードに連結するためのポインタ，後ろのノードに連結するためのポインタがあり，前後方向に連結リストを辿れるという特徴がある。

前章の連結リスト（片方向連結リスト）では，ノードを削除する場合，削除するノードの前に位置するノードの情報が必要であるが，双方向連結リストでは，前後のポインタがあるためノードの削除が簡単になるという利点がある。ただし，双方向連結リストでは，各ノードで，前のノードへのポインタ，後ろのノードへのポインタの2つが消費される。また，片方向連結リストと比べて挿入や削除に必要なポインタの操作手続きが増える。

双方向連結リストの先頭ノードと末尾ノードのポインタの1つは空（NULL）にすることで，リストの始まりと終わりを示している。一般的に，双方向連結リストの先頭ノードを指すheadと末尾ノードを指すtailなどのポインタが利用され，これらのポインタは双方向連結リスト内のノード走査・横断に役立つ。なお，これらのポインタはfirstやlastという呼び方も使われる。

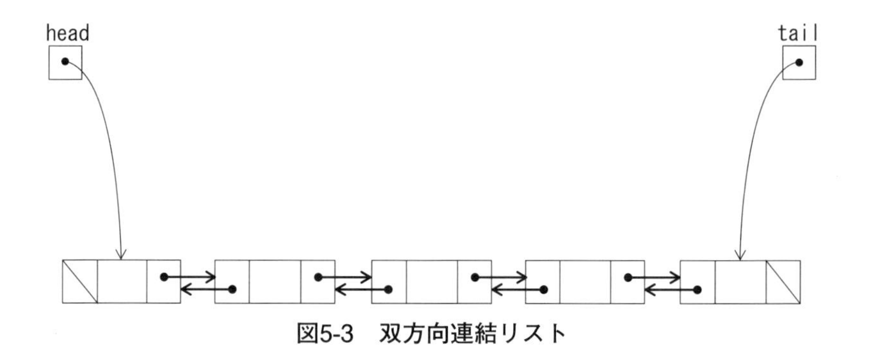


図5-3　双方向連結リスト

双方向連結リストは，キューの構造を拡張した両端キュー（double-ended queue）の実装に使われる。

### 3.2　環状連結リスト

環状連結リスト（circular linked list）は，連結リスト（片方向連結リスト）と同様の構造をもっているが，図5-4のように末尾のノードは先頭のノードへのポインタがあり，あるノードを出発してノードを辿っていくと，また元の出発したノードへ戻ってくることができる。環状構造であることから，ノードの横断で無限のループになることを避けるため，特定のノードを指すポインタを利用したり，目印となる番兵ノード（sentinel node）を挿入したりするのが一般的である。

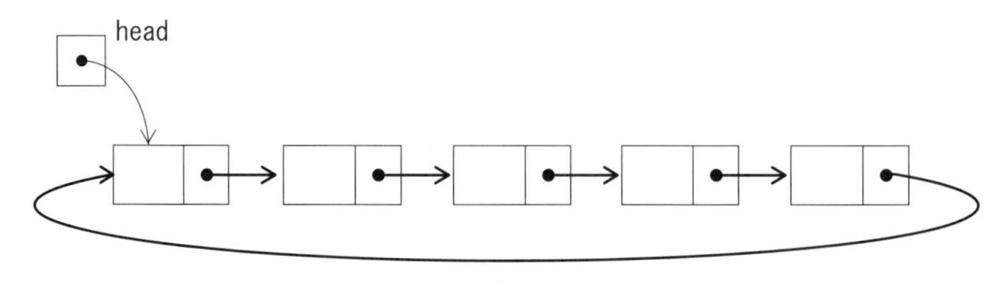


図5-4　環状連結リスト

### 3.3　環状双方向連結リスト

環状双方向連結リスト（circular doubly linked list）は，環状連結リストと双方向連結リストの両方の特徴を併せ持つリスト構造である。図5-5のように，双方向連結リストの特徴である各ノードに前のノードに連結するためのポインタ，後ろのノードに連結するためのポインタがあり，前後方向に連結リストを辿れるという特徴がある。しかも，あるノードを出発してノードを辿っていくと，また元の出発したノードへ戻ってくることができるという環状連結リストの特徴も持っている。ノードの走査・横断の管理には，双方向連結リストのような使い方であれば，図5-5にあるようなheadポインタとtailポインタが使用される。環状連結リストのような使い方であれば，番兵ノード等も使われる。

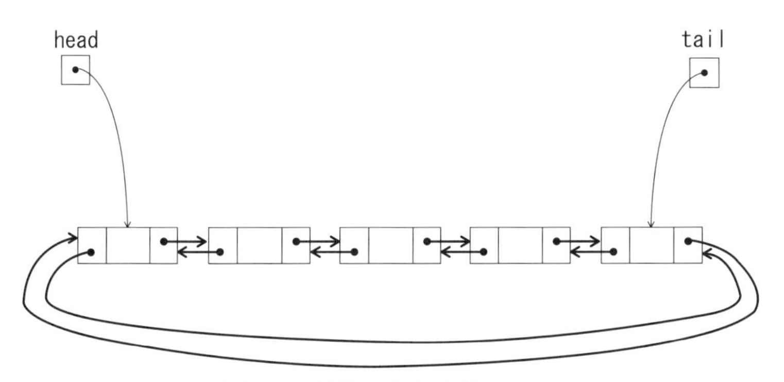


図5-5　環状双方向連結リスト

## 演習問題

(問5.1) スタックのプッシュ（挿入）とポップ（削除）に必要な計算量を配列で実装した場合と連結リストで実装した場合で比較しなさい。
キューのエンキュー（挿入）とデキュー（削除）に必要な計算量を配列で実装した場合と連結リストで実装した場合で比較しなさい。

(問5.2) 双方向連結リストの特徴を簡単に述べなさい。

(問5.3) 環状連結リストの特徴を簡単に述べなさい。

(問5.4) **チャレンジ問題** 双方向連結リストのコードを考えなさい。リスト先頭，リスト末尾へ新規ノードを挿入する関数を作成しなさい。リスト先頭，リスト末尾からノードを表示する関数を作成しなさい。

(問5.5) **チャレンジ問題** 環状双方向連結リストのコードを考えなさい。リスト先頭，リスト末尾へ新規ノードを挿入する関数を作成しなさい。リスト先頭，リスト末尾からノードを表示する関数を作成しなさい。

(問5.6) **チャレンジ問題** C++のSTLでは，双方向連結リスト（doubly-linked list）の実装によるlistが利用できる。listクラスを使って，連結リストへ乱数データの挿入を行いなさい。メンバ関数sortとreverseを用いて，連結リストの整列とリストの反転を行いなさい。（問4.10）の解答例を参考にすること。

**解答例**

（解5.1）　配列，連結リストともに挿入・削除が高速である。

| データ構造 | 実装 | 挿入 | 削除 |
|---|---|---|---|
| スタック | 配列 | O(1) | O(1) |
| スタック | 連結リスト | O(1) | O(1) |
| キュー | 配列 | O(1) | O(1) |
| キュー | 連結リスト†1 | O(1) | O(1) |

（解5.2）　双方向連結リストの特徴は各ノードに前のノードに連結するためのポインタ，後ろのノードに連結するためのポインタがあり，前後方向に連結リストを辿れるという特徴がある。

（解5.3）　環状構造であり，あるノードを出発してノードを辿っていくと，また元の出発したノードへ戻ってくることができる。

（解5.4）　コードはWeb補助教材を参照（q5-1.c）。

（解5.5）　コードはWeb補助教材を参照（q5-2.c）。

（解5.6）　C++のSTLの双方向連結リスト（doubly-linked list）の利用

†1：双方向連結リストを利用，あるいは，片方向連結リストでtailポインタも利用。

例（listクラス）。連結リストの整列とリストの反転。

[ q5-3.cpp ]

```
/* code: q5-3.cpp   (v1.18.00) */
#include <iostream>
#include <list>
#include <cstdlib>
using namespace std;

int main ()
{
  list < int >dl;
  list < int >::iterator ptr;
  int i, r;

  for (i = 0; i < 10; i++) {
    r = rand () % 100;
    cout << "push_front: " << r << "¥n";
    dl.push_front (r);
  }
  cout << "list    (" << dl.size () << ") : ";
  ptr = dl.begin ();
  while (ptr != dl.end ()) {
    cout << *ptr++ << " ";
  }
  cout << "¥n";

  dl.sort (greater < int > ()) ;

  cout << "sort    (" << dl.size () << ") : ";
  ptr = dl.begin ();
  while (ptr != dl.end ()) {
    cout << *ptr++ << " ";
  }
  cout << "¥n";

  dl.reverse ();
  cout << "reverse (" << dl.size () << ") : ";
  ptr = dl.begin ();
  while (ptr != dl.end ()) {
    cout << *ptr++ << " ";
  }
  cout << "¥n";

  return 0;
```

```
}
```

[出力]

```
push_front: 83
push_front: 86
push_front: 77
push_front: 15
push_front: 93
push_front: 35
push_front: 86
push_front: 92
push_front: 49
push_front: 21
list    (10) : 21 49 92 86 35 93 15 77 86 83
sort    (10) : 93 92 86 86 83 77 49 35 21 15
reverse (10) : 15 21 35 49 77 83 86 86 92 93
```

# 6　バイナリサーチツリー

**《目標とポイント》** ツリー構造とツリーに関する用語について学ぶ。特に基本的なデータ構造であるバイナリツリーとバイナリサーチツリーの特徴や性質について学習する。バイナリサーチツリーに対する走査（行きがけ順走査，通りがけ順走査，帰りがけ順走査）の仕組みとコード例について学ぶ。
**《キーワード》** ツリー，バイナリツリー，バイナリサーチツリー，走査，最小値，最大値

## 1．ツリーの基礎

ツリー（木，tree）は，階層関係を表現するのに適したデータ構造である。図6-1のような組織の関係を示す図の他，家系図など，木構造を利用した表現方法は，多数存在する。

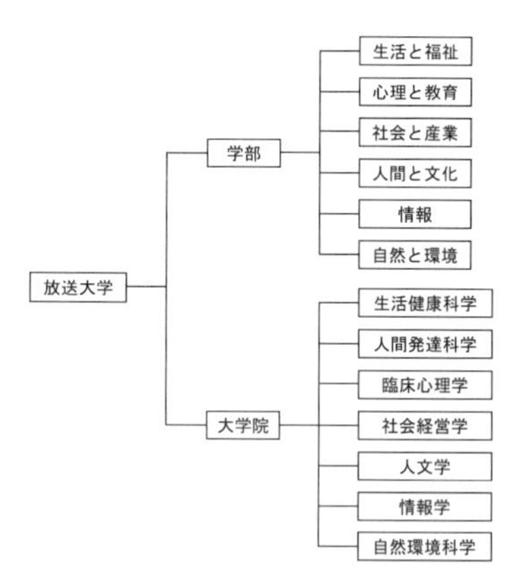


図6-1　ツリー構造を利用した階層表現の例

ツリーは，より一般的な概念であるグラフ（graph）の一種である。ツリーは，ノード（node，節，ふし，せつ；vertex，頂点）とエッジ（edge，辺，へん）からなる構造である。図6-2のように，ノードは円，エッジは線で表されることが多い。ノード間を結ぶエッジはノード間の関係を表し，エッジをたどってノード間を移動できることを示している。

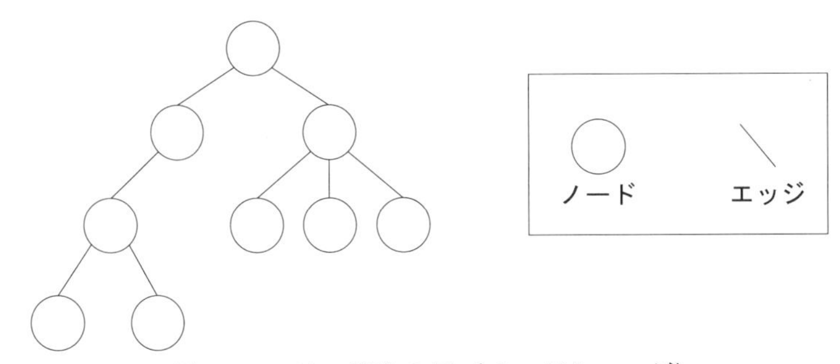


図6-2　ツリー構造の例（ノードとエッジ）

ツリーの表現の仕方には複数の方法がある。例えば，円と線を用いた表現以外にも，ベンダイアグラム（Venn diagram; ベン図），括弧（parenthesis）を用いた方法がある。図6-3の3つのツリー表現は，それぞれ同じツリーの構造を表している。

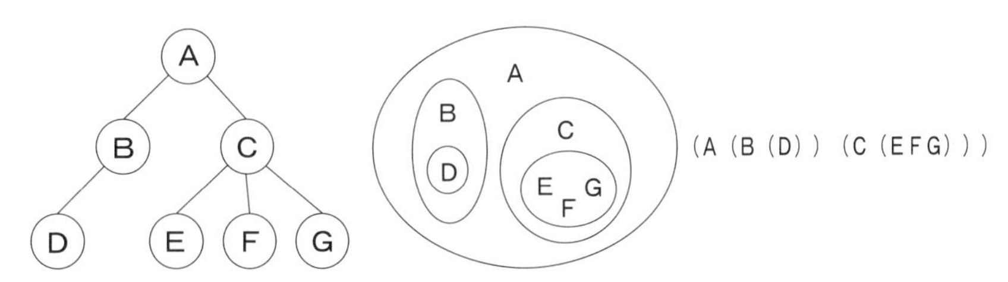


図6-3　様々なツリー構造の表現法（円と線，ベンダイアグラム，括弧）

ツリーの形式的な定義は以下のようになる。
ツリーは有限の1個かそれ以上ノードを持ち，以下の条件AとBを満たす。

A.　ルート（root，根）と呼ばれる特別なノード（node）が1つある。
B.　残りのノードは，サブツリー（部分木）に分解できる。

ツリーにはノード間の関係を示す以下のような用語がある。

●ルート（root）
ツリーのトップにあるノードのこと。ツリーであるためには，ルートからその他のノードへのパスが，1つだけなくてはならない。(2つ以上ある場合はグラフになる。)

●親（parent）
ルート以外のノードは上に接続しているノードがあり，これを親ノードと呼ぶ。

●子（child）
ノードの下に接続しているノードを子ノードと呼ぶ

●子孫（offspring, descendant）
あるノードの子ノードとその子孫。

●先祖（ancestor）
あるノードの親ノードとその先祖。

●兄弟（sibling）
同じ親を持つノードどうしを兄弟と呼ぶ

●葉，リーフ（leaf）
子を持たないノードを葉ノードと呼ぶ。

●部分木，サブツリー（sub tree），部分ツリー
ツリーの一部分で，それ自身もツリーの構造を持つ。
●自由度（degree）
ノードの自由度はノードが持つサブツリーの数。
●レベル（level）
ルートノードからのパスの長さ。ルートがレベル0となる。(文献によっては，ルートのレベルを1と定義するものある。)

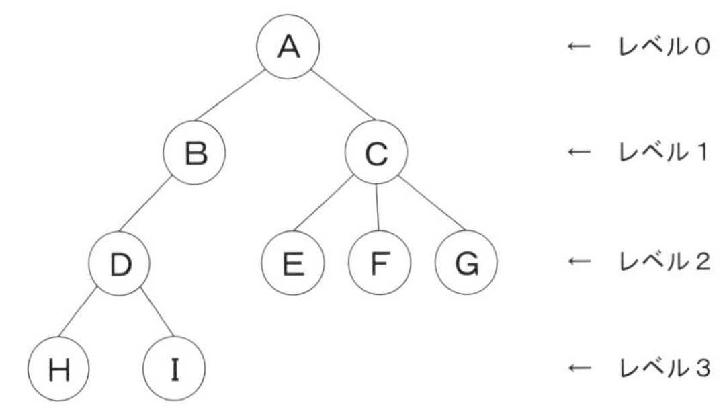


図6-4　ツリーのレベル

図6-4におけるツリーのノードの関係の例をいくつか以下に述べる。
●Ａはルートノード，Ｈ，Ｉ，Ｅ，Ｆ，Ｇは葉ノード。
●Ａのノードは，ＢとＣの2つの子ノードを持ち，ＢとＣのノードは，Ａのノードを親に持つ。
●Ａのノードは, Ｈのノードから見て先祖となるノードであり, Ｈのノードは Ａのノードの子孫である。
●Ｃのノードは自由度3である。
●Ａ，Ｄのノードは自由度2である。
●Ｂのノードは自由度1である。

- H，Ｉ，Ｅ，Ｆ，Ｇのノードは自由度0である。
- このツリーでレベル3となるノードはＨとＩのノードの2つである。

## 2. バイナリツリー

前節では，一般的なツリーについて述べた。ツリーの各ノードに持つことができる子ノードの数が最大で2個の時，そのツリーをバイナリツリー（binary tree）と呼ぶ。日本語では，二分木（にぶんぎ，にぶんき，にぶんもく），あるいは二進木（にしんぎ，にしんき，にしんもく）という表現や読み方が使われ，文献によって漢字の読み方は様々である。

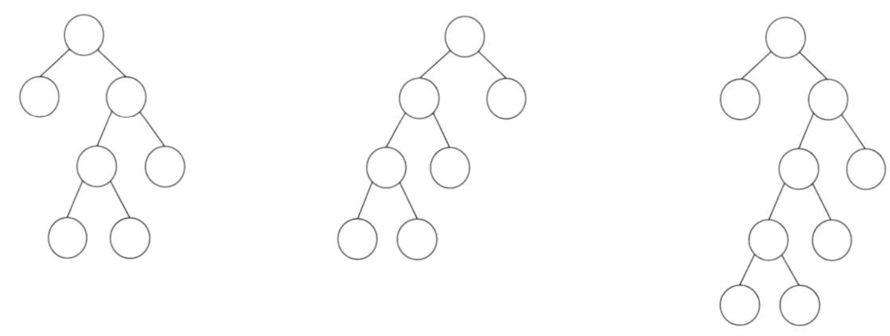

図6-5　バイナリツリーの例

ツリーで，葉ノード以外のノードはすべて2つの子ノードを持ち，ルートノードから葉ノードまでの深さがすべて等しいツリーは，完全二分木（完全バイナリツリー）（perfect binary tree またはcomplete binary tree）と呼ばれる（図6-6左）。ただし，バイナリツリーの深さが1だけ異なる葉ノードがあり，その1だけ深い葉ノードが，ツリー全体の左側に詰めてあるバイナリツリーも完全二分木とするのが一般的である。具体的には，バイナリツリーの最下位のレベル以外の全てのレベルは完全に埋まっており，最下位のレベルでは，全ての葉ノードが左に寄せられた状態のようなバイナリツリーである（図6-6右）。

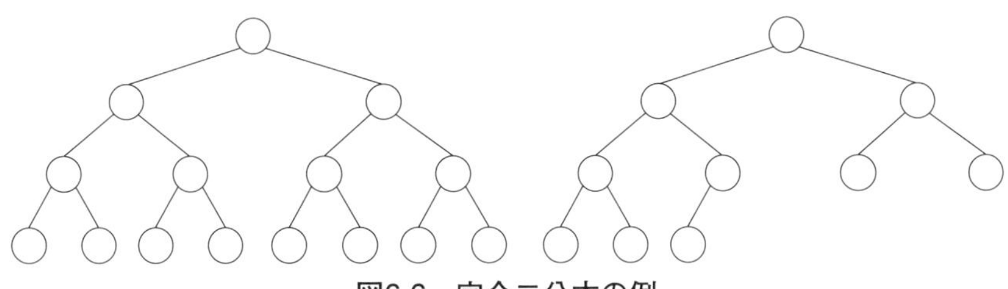

図6-6　完全二分木の例

## 3. バイナリサーチツリー

バイナリサーチツリー（binary search tree; 二分探索木）は，バイナリツリーで，あるノードに対して左の子ノードおよび以下の全ての子孫ノードの値は，あるノードの値よりも小さく，あるノードに対して右の子ノードおよびそれ以下の全ての子孫ノードは，あるノードの値よりも大きくなるように構成され，全てのノードで，この大小関係が成り立っている[†1]。

図6-7はバイナリサーチツリーの例である。ノード40に着目すると，左側の子孫となるノードの値（30，10，20）はすべて40よりも小さい。右側の子孫となるノードの値（70，60，90）はすべて40よりも大きい。同様の関係がすべてのノードに対して成り立っている。

†1：技術的には，左右の大小を反対にすることも可能であるが，左を小さく，右を大きくするのが通常のバイナリサーチツリーの定義である。

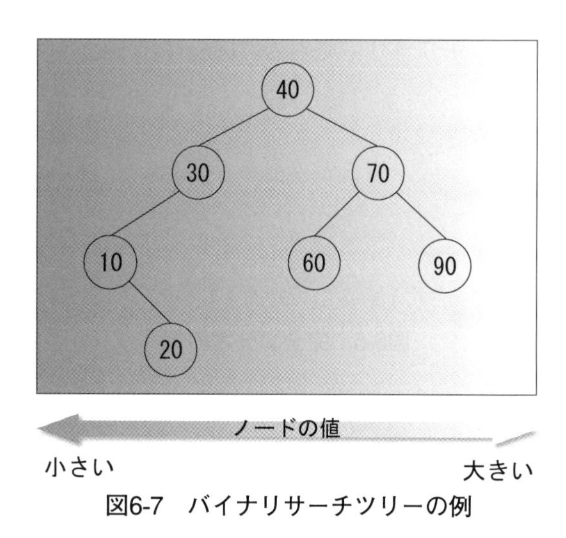


図6-7　バイナリサーチツリーの例

バイナリサーチツリーの実装では，配列が使われることもあるが，一般的には，バイナリサーチツリーは連結リストと同様にポインタを用いた実装が使われる。連結リストの実装では，各ノードへのポインタが1つであったが，バイナリサーチツリーのノードでは，左右の子ノードを指し示す2つのポインタがある。

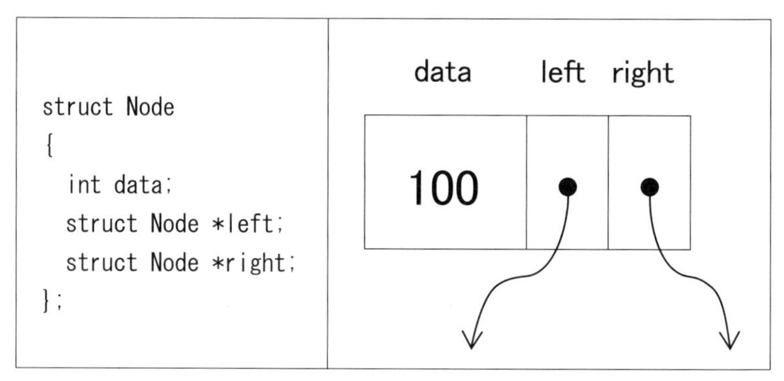


図6-8　バイナリサーチツリーのための構造体（C言語）

図6-8は，C言語によるバイナリサーチツリーのノードを宣言する構造体の例である。図6-9は，バイナリサーチツリーの例と，これに対応したコンピュータメモリ内におけるバイナリサーチツリーをイメージした図である。

コード6.1は，図6-9のバイナリサーチツリーを構築して表示する例である。コードでは，各ノードに数値データを設定し，各ノードがどのノードを指し示すのか設定している。指し示すノードが無い場合はNULLを設定している。（なお，このコードでは，malloc関数のエラー処理や，free関数によるメモリ解放の処理などは省略している。）

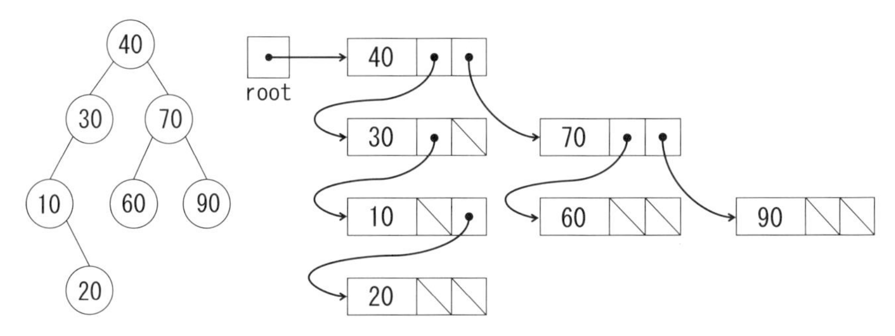


**図6-9　バイナリサーチツリー（左）とポインタによる表現（右）**

[ c6-1.c ]

```
/* code: c6-1.c   (v1.18.00) */
#include <stdio.h>
#include <stdlib.h>

struct Node
{
  int data;
  struct Node *left;
  struct Node *right;
};
typedef struct Node NODE_TYPE;
```

```
/* ---------------------------------------- */
void tree_display (NODE_TYPE * node, int level)
{
  int i;
  if (node != NULL) {
    tree_display (node->right, level + 1);
    printf ("¥n");
    for (i = 0; i < level; i++) {
      printf ("_");
    }
    printf ("%d", node->data);
    tree_display (node->left, level + 1);
  }
}


/* ---------------------------------------- */
int main ()
{
  NODE_TYPE *root;

  root = malloc (sizeof (NODE_TYPE));
  root->data = 40;

  root->left = malloc (sizeof (NODE_TYPE));
  root->left->data = 30;

  root->right = malloc (sizeof (NODE_TYPE));
  root->right->data = 70;

  root->left->left = malloc (sizeof (NODE_TYPE));
  root->left->left->data = 10;
  root->left->right = NULL;

  root->right->left = malloc (sizeof (NODE_TYPE));
  root->right->left->data = 60;
  root->right->left->left = NULL;
  root->right->left->right = NULL;

  root->right->right = malloc (sizeof (NODE_TYPE));
  root->right->right->data = 90;
  root->right->right->left = NULL;
  root->right->right->right = NULL;

  root->left->left->left = NULL;
  root->left->left->right = malloc (sizeof (NODE_TYPE));
  root->left->left->right->data = 20;
```

```
  root->left->left->right->left = NULL;
  root->left->left->right->right = NULL;


  tree_display (root, 0);
  printf ("¥n");

  return 0;
}
```

[出力]

```

__90
_70
__60
40
_30
___20
__10

```

**コード6.1：バイナリサーチツリー（図6-9のツリー）**

## 4. バイナリサーチツリーの走査

ある決まった規則に基づいて，ノードにアクセスしていくことを走査（トラバーサル；traversal）という。これは，ツリーの各ノードに立ち寄っていく作業である。このノードへの立ち寄り方には，代表的なものとしては，以下の3種類がある[†2]。

●行きがけ順走査（preorder traversal）

①ルートノードに立ち寄る

②左側のサブツリーを走査する

③右側のサブツリーを走査する

†2：走査については，「前順，間順，後順」といった呼び方や，「先行順，中間順，後行順」といった呼び方もある。

●通りがけ順走査（inorder traversal）
①左側のサブツリーを走査する
②ルートノードに立ち寄る
③右側のサブツリーを走査する

●帰りがけ順走査（postorder traversal）
①左側のサブツリーを走査する
②右側のサブツリーを走査する
③ルートノードに立ち寄る

この3つの走査は，再帰的に行うことができる。再帰の機能を持つプログラミング言語であれば，通常，これらの3つの走査を簡単に実装できる。コード6.2はC言語による3つの走査を行う関数の例である。コードでは，自分自身を呼び出す再帰関数が定義されており，関数の引数には走査していくノードが引数として渡されていく。3つの走査法では，立ち寄り（ノードの値の出力）操作を行っているprintfの順番が異なることに注意したい。このコード6.2のmain関数部分は，コード6.1に類似したものになっている。コード全体についてはWeb補助教材を参考にすること。

[ c6-2.c ]（コードの一部）

```
/* ---------------------------------------- */
void traverse_preorder (NODE_TYPE * node)
{
  if (node != NULL) {
    printf ("%2d ", node->data);
    traverse_preorder (node->left);
    traverse_preorder (node->right);
  }
}
```

```
/* ---------------------------------------- */
void traverse_inorder (NODE_TYPE * node)
{
  if (node != NULL) {
    traverse_inorder (node->left);
    printf ("%2d ", node->data);
    traverse_inorder (node->right);
  }
}

/* ---------------------------------------- */
void traverse_postorder (NODE_TYPE * node)
{
  if (node != NULL) {
    traverse_postorder (node->left);
    traverse_postorder (node->right);
    printf ("%2d ", node->data);
  }
}
```

[出力]

```
__90
_70
__60
40
_30
___20
__10

Preorder:  40 30 10 20 70 60 90
Inorder:   10 20 30 40 60 70 90
Postorder:20 10 30 60 90 70 40
```

**コードド6.2：行きがけ順走査，通りがけ順走査，帰りがけ順走査**

行きがけ順走査，通りがけ順走査，帰りがけ順走査の走査結果を得るためには，コード6.2を実行し出力をトレースすればよいが，手動で簡単に3つの走査結果を得るためには，次のような方法を使うことができる。図6-9（左）のバイナリサーチツリーを例として，3つの走査について考える。このバイナリサーチツリーに対して，行きがけ順走査，通りがけ順走査，帰りがけ順走査を行う。図6-10（左）のように，子が空(NULL）となっているノードにも，子ノードにつながる点線で示したようなエッジがあると考え, 図6-10 (右) のように, 各ノードの三箇所 (左側，下側，右側）にa，b，cのラベルをつける。そして，ツリー全体を外側から包むようになぞっていくことで，3つの走査の出力結果を得ることができる。行きがけ順走査ではラベルaをなぞった時，通りがけ順走査ではラベルbをなぞった時，帰りがけ順走査ではラベルcをなぞったときにノードの値を出力することで，それぞれの走査の出力が得られる。

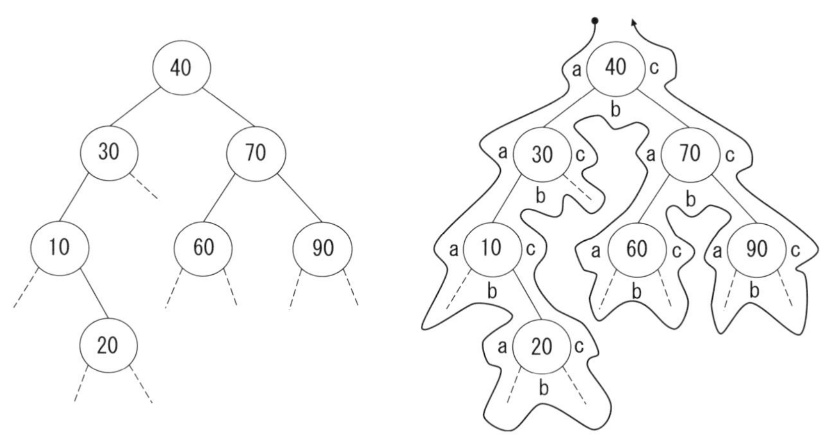


**図6-10　バイナリサーチツリーの走査**

3つの走査の出力は，以下の通りである。

- 行きがけ順走査：40 30 10 20 70 60 90
- 通りがけ順走査：10 20 30 40 60 70 90
- 帰りがけ順走査：20 10 30 60 90 70 40

この3つの走査で興味深いのは，通りがけ順の走査で出力されるノードの値が小さい順にソーティング（整列）されていることである。つまり，バイナリサーチツリーにデータを登録しておき，それを通りがけ順で走査することは，データをソーティングしたのと同じことになる。なお，帰りがけ順は，バイナリサーチツリーのノード全体を順番に削除するような処理を行うときに，葉ノードから順番に削除できるため利用されることがある。また，これはバイナリサーチツリーの例ではないが，行きがけ順は，数式の構文木からポーランド記法の表現を求めるときに利用されることもある。

## 5. バイナリサーチツリーの最小値と最大値

バイナリサーチツリーの特性として，バイナリサーチツリー内のデータの最小値と最大値は，単純な走査によって簡単に求めることができる。最小値を探す場合は，ルートノードから走査を始めて，ひたすら左側のノードを走査していく，そして，左側に子を持たないノードがあれば，そのノードの値が最小値となる。最大値の場合も同様に，ルートノードから走査を始めて，ひたすら右側のノードを走査していく，そして，右側に子を持たないノードがあれば，そのノードの値が最大値となる。これを示した例が図6-11である。ここで重要なのは，最小値や最大値の探索で，全てのノードをたどることなく最小値や最大値が得られていることである。ただし，これはバイナリサーチツリーの形に大きく依存する。最小値や最大値の探索で，バイナリサーチツリーの場合と連結リストの場合との違いを考えてほしい。

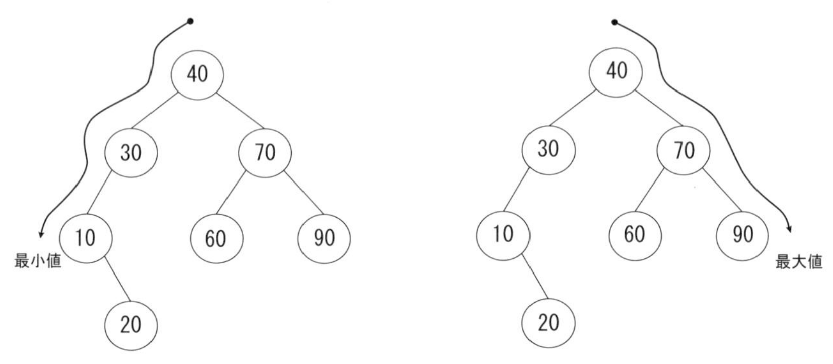


図6-11　バイナリサーチツリーの最小値と最大値

コード6.3は，最小値や最大値の探索を行う関数の例である。コード6.3のmain関数部分はコード6.1に類似したものになっている。コード全体についてはWeb補助教材を参考にすること。

［c6-3.c］（コードの一部）

```
/* ----------------------------------------- */
NODE_TYPE *tree_find_min (NODE_TYPE * node)
{
  if ((node == NULL) || (node->left == NULL)) {
    return node;
  }
  return tree_find_min (node->left);
}

/* ----------------------------------------- */
NODE_TYPE *tree_find_max (NODE_TYPE * node)
{
  if ((node == NULL) || (node->right == NULL)) {
    return node;
  }
  return tree_find_max (node->right);
}
```

[出力]

```
__90
_70
__60
40
_30
___20
__10

min: 10
max: 90
```

**コード6.3：バイナリサーチツリーの最小値と最大値を求めるコード例**

## 演習問題

（問6.1） バイナリツリーの葉ノードとは何か説明しなさい。

（問6.2） バイナリツリーのノードの自由度とは何か説明しなさい。

（問6.3） バイナリサーチツリーで，各ノードにアクセスしていく基本的な走査（traversal）方法を3つ列挙しなさい。

（問6.4） 図のバイナリサーチツリーは，以下のデータを順番に挿入して作成したものである。

25，49，65，6，66，78，2，28，51，68

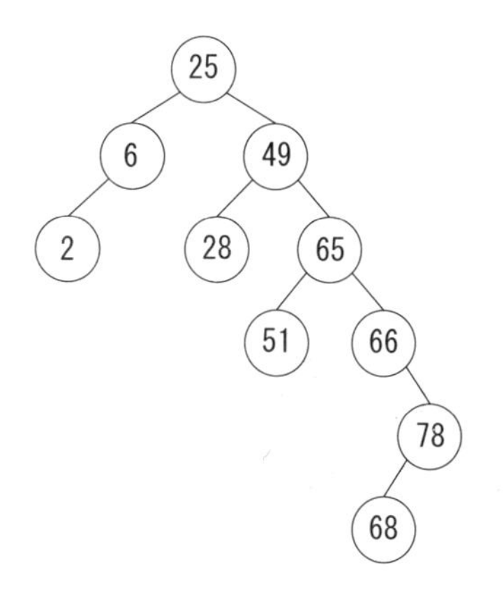


このバイナリサーチツリーから，①行きがけ順走査，②通りがけ順走査，③帰りがけ順走査による出力を求めなさい。

（問6.5） コード6.1で，バイナリサーチツリーを表示する関数

（tree_display）では，①再帰関数で右側のノードを走査，②ノードの表示，③再帰関数で左側のノードを走査，という処理になっている。①と③の処理を入れ替えた関数のコードを作成しなさい。そして，出力の違いについて考えること。

（問6.6）　バイナリサーチツリーのノード数を計算するコードを作成しなさい[†3]。

（問6.7）　バイナリサーチツリーの高さを計算するコードを作成しなさい[†3]。

**解答例**

（解6.1）　子を持たないノードのこと。

（解6.2）　ノードが持つサブツリーの数のこと。

（解6.3）　行きがけ順走査，通りがけ順走査，帰りがけ順走査。なお，「前順，間順，後順」や「先行順，中間順，後行順」といった呼び方もある。

（解6.4）　以下のデータを順番に挿入してできるバイナリサーチツリーについて考える。（25，49，65，6，66，78，2，28，51，68）

行きがけ順走査：　25 6 2 49 28 65 51 66 78 68

---

†3：（問6.6），（問6.7）は，次章のバイナリサーチツリーのノード挿入のコードを学習した後の方が解答しやすい。

通りがけ順走査：　2 6 25 28 49 51 65 66 68 78

帰りがけ順走査：　2 6 28 51 68 78 66 65 49 25

バイナリサーチツリーの3つのノード走査の出力の求め方を学習すること。なお，通りがけ順走査では，データの値がソーティングされていることに注意。

（解6.5）　ノードの値の出力順序が逆になっている。

「q6-1.c」（コードの一部）

```
void tree_display_r (NODE_TYPE * node, int level)
{
  int i;

  if (node != NULL) {
    tree_display_r (node->left, level + 1);

    printf ("¥n");
    for (i = 0; i < level; i++) {
      printf ("_");
    }
    printf ("%d", node->data);
    tree_display_r (node->right, level + 1);
  }
}
```

「出力」

```

__90
_70
__60
40
_30
___20
__10


__10
___20
```

```
_30
40
__60
_70
__90
```

(解6.6) バイナリサーチツリーのノード数を求めるコード例

「q6-2.c」(コードの一部)

```
int tree_size (NODE_TYPE * node)
{
  int s_left, s_right;

  if (node == NULL) {
    return 0;
  }

  s_left = tree_size (node->left);
  s_right = tree_size (node->right);

  return (s_left + s_right + 1);

}
```

「出力」

```
____78
_____68
___66
__65
___51
_49
__28
25
_6
__2

The number of nodes in a BST: 10
```

（解6.7） バイナリサーチツリーの高さを求めるコード例

「q6-3.c」（コードの一部）

```
int tree_height (NODE_TYPE * node)
{
  int h_left, h_right;

  if (node == NULL) {
    return -1;
  }

  h_left = tree_height (node->left);
  h_right = tree_height (node->right);

  if (h_left > h_right) {
    return h_left + 1;
  }
  else {
    return h_right + 1;
  }
}
```

「出力」

```
____78
_____68
___66
__65
___51
_49
__28
25
_6
__2

The height of a BST: 5
```

# 7 バイナリサーチツリーの操作

**《目標とポイント》** バイナリサーチツリーに対する基本的な操作として，ノードの探索，ノードの挿入，ノードの削除について学ぶ。また，バイナリサーチツリーの特徴，バイナリサーチツリーの操作に関する計算量について学習する。
**《キーワード》** バイナリサーチツリー，探索，挿入，削除，順序内前任者，順序内後継者，計算量，平均計算量，最悪の計算量

## 1. バイナリサーチツリーの操作

前章では，バイナリサーチツリーの仕組み，バイナリサーチツリーの走査（行きがけ順走査，通りがけ順走査，帰りがけ順走査），ノードの最小値・最大値の求め方について述べた。本章では，バイナリサーチツリーを扱う基本的な操作として，ノードの探索，ノードの挿入，ノードの削除について学習する。

### 1.1 探索

探索では特定のキー値（key value）を持つノードをバイナリサーチツリーから探す操作を行う。図7-1の左のバイナリサーチツリーからキー値80を持つノードを探索する手順を示したものが右側のバイナリサーチツリーの図である。探索では，まず，キー値80と，ルートノードの値を比較する。ルートノードの値は40で，キー値の値80が大きいので，右の

エッジをたどる。次はキー値80とノード70を比較，キー値の値80が大きいので，右のエッジをたどる。次は，キー値80とノード90を比較，キー値80の方が小さいので，今度は左のエッジをたどる。ここで，キー値80とノード80で値が等しくなり探索が成功する。

探索が失敗する場合は，同様にルートノードから比較を始めて，葉ノードまでたどっていっても，キー値と同じ値が存在しない場合である。例えば，キー値85のノードを探索した場合，キー値80を探索したのと同じ比較経路になるが，ノード80で，キー値85のノードはこのバイナリサーチツリーには存在せず探索は失敗となる。

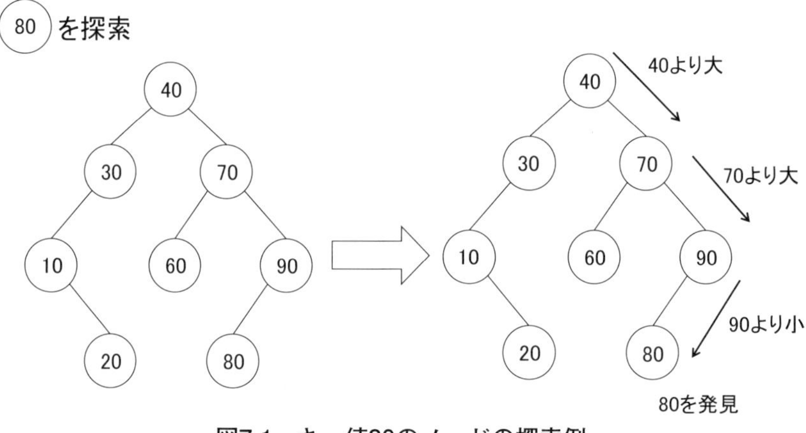


図7-1　キー値80のノードの探索例

コード7.1は図7-1のバイナリサーチツリーを作成し，ノード80を探索するコードである。ノードの探索を行う関数は，tree_findである。再帰処理によってノードをたどっていく。探索ノードが見つかれば探索ノードを関数が返す。ノードを挿入する関数tree_insertについては次節1.2で述べる。

[ c7-1.c ]

```
/* code: c7-1.c   (v1.18.00) */
#include <stdio.h>
#include <stdlib.h>

struct Node
{
  int data;
  struct Node *left;
  struct Node *right;
};
typedef struct Node NODE_TYPE;

/* ------------------------------------------ */
void tree_display (NODE_TYPE * node, int level)
{
  int i;

  if (node != NULL) {
    tree_display (node->right, level + 1);
    printf ("¥n");
    for (i = 0; i < level; i++) {
      printf ("__");
    }
    printf ("%d", node->data);
    tree_display (node->left, level + 1);
  }
}


/* ------------------------------------------ */
NODE_TYPE *tree_find (NODE_TYPE * node, int data)
{
  if (node == NULL) {
    return NULL;
  }
  if (data < (node->data)) {
    return tree_find (node->left, data);
  }
  if (data > (node->data)) {
    return tree_find (node->right, data);
  }
  return node;
}

/* ------------------------------------------ */
```

```
NODE_TYPE *tree_insert (NODE_TYPE * node, int data)
{
  if (node == NULL) {
    if (NULL == (node = malloc (sizeof (NODE_TYPE)))) {
      printf ("¥nERROR: Can not allocate memory");
      exit (-1);
    }
    node->left = NULL;
    node->right = NULL;
    node->data = data;
  }
  else {
    if (data < node->data) {
      node->left = tree_insert (node->left, data);
    }
    else if (data > node->data) {
      node->right = tree_insert (node->right, data);
    }
  }
  return node;
}

/* ------------------------------------------ */
int main ()
{
  NODE_TYPE *root;
  NODE_TYPE *node;
  int i, v;
  int data [] = { 40, 30, 70, 10, 60, 90, 20, 80 };
  root = NULL;

  for (i = 0; i < 8; i++) {
    printf ("%2d ", data [i]);
    root = tree_insert (root, data [i]);
  }
  printf ("¥n¥n*** binary search tree ***");
  tree_display (root, 0);

  v = 80;
  printf ("¥n¥n*** searching for a node [%d] ***¥n", v);
  node = tree_find (root, v);
  if (node != NULL) {
    printf ("node [%d] found!", node->data);
  }
  printf ("¥n");

  return 0;
```

```
}
```

[出力]

```
40 30 70 10 60 90 20 80

*** binary search tree ***
____90
______80
__70
____60
40
__30
______20
____10

*** searching for a node [80] ***
node [80] found!
```

**コード7.1：　バイナリサーチツリーからノードの探索**

### 1.2　挿入

挿入（insert）は，ノードをバイナリサーチツリーに追加する操作である。ノードの挿入では，初めにノードを挿入する位置を探す必要がある。この操作は，ノードの探索をする場合の操作に類似している。具体的には，ルートノードから，追加したいノードのキー値を比較していき，挿入しようとするノードの親になるノードを見つける操作になる。

例として図7-2の左のバイナリサーチツリーの例を考える。バイナリサーチツリーからキー値15を持つノードを，新たに挿入する手順を示したものが，図7-2の右側である。まず，キー値15とルートノードを比較する。ルートノードの値は40で，キー値15の方が小さいので，左のエッジをたどる。次はキー値15とノード30を比較，キー値15の方が小さいので，左のエッジをたどる。次は，キー値15とノード10を比較，キー値15の方が大きいので，右のエッジをたどる。次は，キー値15とノード20を比較し，キー値15の方が小さいので，左のエッジをたどりたいが，ノード値20のノードは，左のエッジが空（NULL）であり，これ以上，先のノードをたどることができない。そこで，ノード値15のノードをノード20の左側へ子ノードとして挿入する。このようなノードの大小関係を考慮したノードの挿入によって，バイナリサーチツリーの性質を保つことができる。

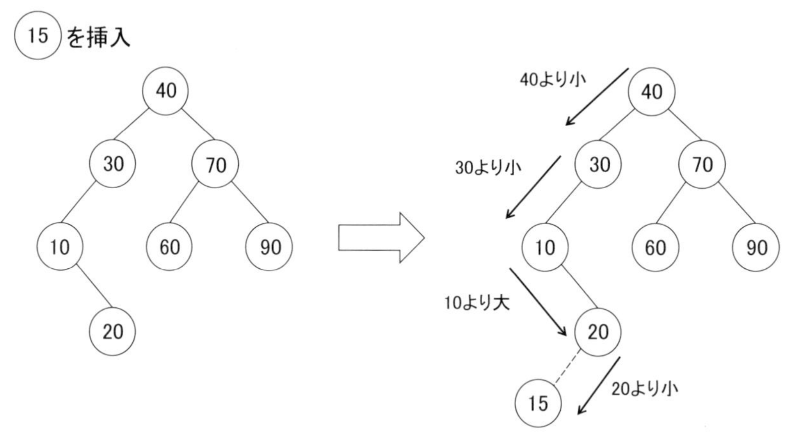


図7-2　キー値15のノードの挿入例

コード7.2は，図7-2の左のツリーに，新規のノード15を挿入するコード例である。挿入を行う関数は，tree_insertである。再帰処理によって新規ノードの親ノードとなるノードまでたどっていき，新規ノード用にメモリを確保し，データを代入，左右のポインタにNULLを設定する。そして，新規ノードとその親ノードをポインタでつなぐ。

［ c7-2.c ］

```
/* code: c7-2.c   (v1.18.00) */
#include <stdio.h>
#include <stdlib.h>

struct Node
{
  int data;
  struct Node *left;
  struct Node *right;
};
typedef struct Node NODE_TYPE;

/* ---------------------------------------- */
void tree_display (NODE_TYPE * node, int level)
{
  int i;

  if (node != NULL) {
    tree_display (node->right, level + 1);
    printf ("¥n");
    for (i = 0; i < level; i++) {
      printf ("__");
    }
    printf ("%d", node->data);
    tree_display (node->left, level + 1);
  }
}

/* ---------------------------------------- */
NODE_TYPE *tree_insert (NODE_TYPE * node, int data)
{
  if (node == NULL) {
    if (NULL == (node = malloc (sizeof (NODE_TYPE)))) {
      printf ("¥nERROR: Can not allocate memory");
      exit (-1);
    }
    node->left = NULL;
    node->right = NULL;
    node->data = data;
  }
  else {
    if (data < node->data) {
      node->left = tree_insert (node->left, data);
    }
    else if (data > node->data) {
```

```
      node->right = tree_insert (node->right, data);
    }
  }
  return node;
}

/* ---------------------------------------- */
int main ()
{
  NODE_TYPE *root;
  int i;
  int data [] = { 40, 30, 70, 10, 60, 90, 20, 15 };
  root = NULL;

  for (i = 0; i < 8; i++) {
    printf ("%2d ", data [i]);
    root = tree_insert (root, data [i]);
  }
  printf ("¥n¥n*** binary search tree ***");
  tree_display (root, 0);
  printf ("¥n");

  return 0;
}
```

[出力]

```
40 30 70 10 60 90 20 15

*** binary search tree ***
____90
__70
____60
40
__30
______20
________15
____10
```

コード7.2：バイナリサーチツリーへのノード挿入

### 1.3　削除

バイナリサーチツリーからのノード削除は，探索や挿入の操作と比べて複雑である。削除したいノードがどのように他のノードと接続しているかによって，削除の手順が変わってくるためである。ノード削除の手順として，以下の3つの場合を考慮する必要がある。

1．削除するノードが葉ノードである。
2．削除するノードに子が1つある。
3．削除するノードに子が2つある。

#### 1.3.1　削除するノードが葉ノード

葉ノードの削除は比較的簡単である。まず，削除したいノードを探索（1.1節）と同じ手法で探し，そのノードの親となるノードからの接続のリンクを無くせばよい。具体的には，リンク情報があるポインタにNULLを設定すればよい。リンクが外れたノードは，使わないメモリを占有しているので解放する。C言語などではfreeなどの関数が使われる。Javaなどの言語では，明示的にメモリの解放を行わなくても，ガベージコレクション（garbage collection; GC）と呼ばれる機能があるため，参照されなくなったメモリは再利用のため収集される。

図7-3は，葉ノード35の削除の例である。同様の方法で，葉ノードとなっている10，25，60も削除することができる。

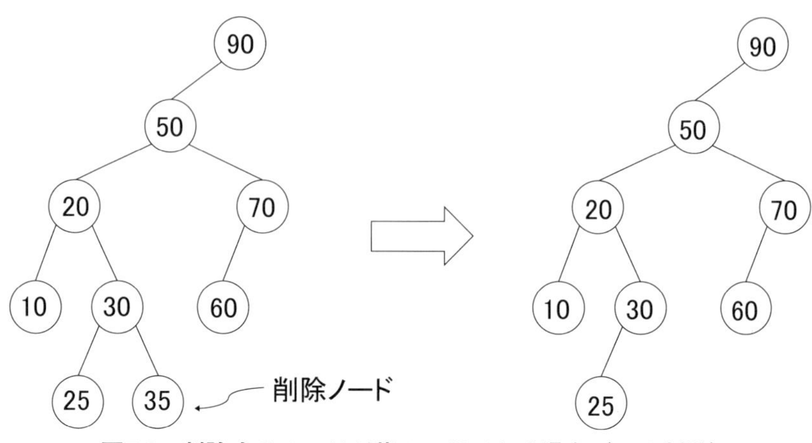


図7-3　削除するノードが葉ノードである場合（35の削除）

### 1.3.2　削除するノードに子が1つ

削除するノードに子が1つある場合を考える。このケースも比較的簡単で，この場合，親ノードへの接続が1つ，子ノードへの接続が1つあるだけであり，この親ノードと子ノードを直接つなぐことができれば，各ノードの大小関係を保ったまま目的のノードを削除することができる。図7-4の例は，ノード70の削除を示したものである。ノード70を無視して，ノード70の親ノードであるノード50とノード70の子ノードであるノード60を直接つなげばよい。そして，ノード70に使われていたメモリを解放する。

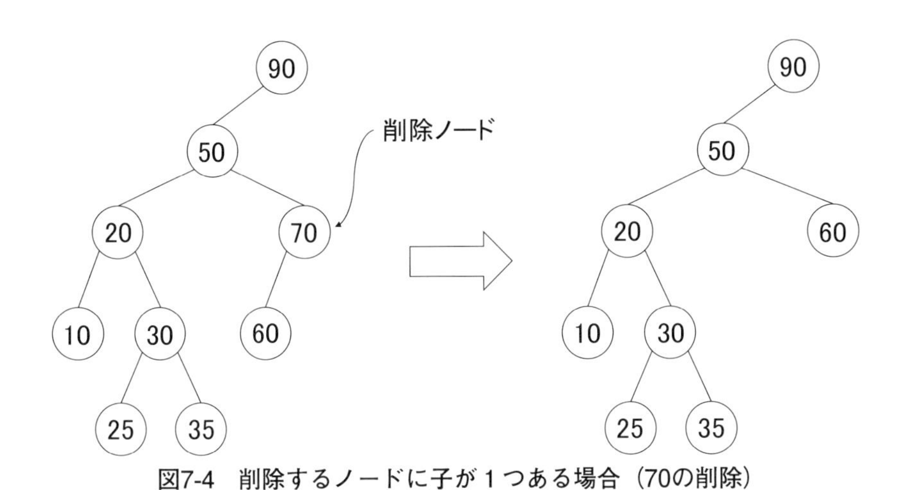


図7-4　削除するノードに子が１つある場合（70の削除）

### 1.3.3　削除するノードに子が2つ

削除するノードに子が2つある場合を考える。この場合は，処理方法がやや複雑になる。バイナリサーチツリーで子を2つもつノードを削除しても大小関係が維持されるためには，削除するノードより1つ低い値を持つノード，順序内前任者（inorder predecessor），あるいは，削除するノードより1つ高い値を持つノード，順序内後継者（inorder successor）に着目し，それらのノードのどちらかと削除したいノードを置き換えることで，削除を実現できる。順序内前任者とは，削除したいノードの左側の部分木（サブツリー）で，最も右側にあるノードである。順序内後継者とは，削除したいノードの右側の部分木で，最も左側にあるノードのことである。

図7-5は，50という値を持つノードを削除する例で，順序内前任者を用いて削除を行っている。このノードの順序内前任者とは，削除したい

ノードの左側の部分木で，最も右側にあるノードであり，これは35という値を持つノードが該当する。この値を削除したいノードの値と置き換えることで削除が完了する。

図7-6は，削除するノードに子が2つある場合の例で，50という値を持つノードを削除する。このノードの順序内後継者は，削除したいノードの右側の部分木で，最も左側にあるノードのことであり，これは60という値を持つノードが該当する。この値を削除したいノードの値と置き換えることで削除が完了する。

バイナリサーチツリーの場合，順序内前任者となるノードと順序内後継者となるノードは，子を持たないか，子を1つ持つことになる。その場合の処理は，1番目のケース（削除するノードが葉ノードである場合）と2番目のケース（削除するノードに子が1つある場合）と同じ処理方法によって行う。

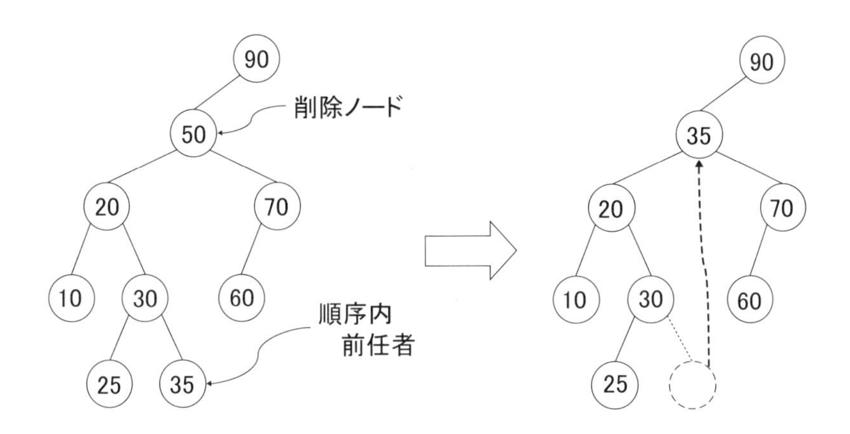


図7-5　削除するノードに子が2つある場合
(50を削除、順序内前任者を利用した場合)

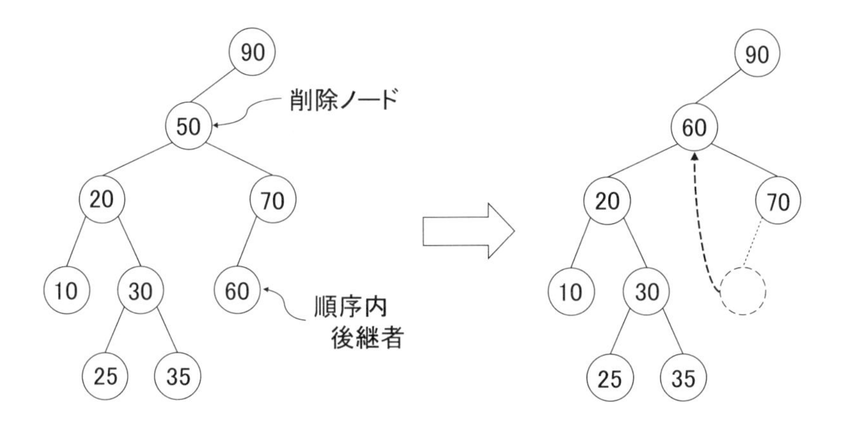


図7-6　削除するノードに子が2つある場合
(50を削除、順序内後継者を利用した場合)

以上のように，バイナリサーチツリーの削除の操作は，探索や挿入の操作に比べて複雑である。そのため，ノードを実際には削除せずに，削除情報を示すフラグを各ノードに用意して，それをチェックすることによって，見かけ上，削除を行ったように処理するといったこともしばしば行われる。

コード7.3はバイナリサーチツリーからノードを削除するコードの例である。削除を行う関数は，tree_deleteである。この例では，順序内後継者ノードを利用している。この例の実装とは異なり，ノードを探索する部分の処理を別の関数で行う実装もよく用いられる。

[ c7-3.c ]

```
/* code: c7-3.c   (v1.18.00) */
#include <stdio.h>
#include <stdlib.h>

struct Node
{
  int data;
  struct Node *left;
  struct Node *right;
};
typedef struct Node NODE_TYPE;

/* ------------------------------------------ */
void tree_display (NODE_TYPE * node, int level)
{
  int i;

  if (node != NULL) {
    tree_display (node->right, level + 1);
    printf ("¥n");
    for (i = 0; i < level; i++) {
      printf ("__");
    }
    printf ("%d", node->data);
    tree_display (node->left, level + 1);
  }
}
```

```
/* ---------------------------------------- */
NODE_TYPE *tree_find_min (NODE_TYPE * node)
{
  if ((node == NULL) || (node->left == NULL)) {
    return node;
  }
  return tree_find_min (node->left);
}

/* ---------------------------------------- */
NODE_TYPE *tree_find_max (NODE_TYPE * node)
{
  if ((node == NULL) || (node->right == NULL)) {
    return node;
  }
  return tree_find_max (node->right);
}

/* ---------------------------------------- */
NODE_TYPE *tree_find (NODE_TYPE * node, int data)
{
  if (node == NULL) {
    return NULL;
  }
  if (data < (node->data)) {
    return tree_find (node->left, data);
  }
  if (data > (node->data)) {
    return tree_find (node->right, data);
  }
  return node;
}

/* ---------------------------------------- */
NODE_TYPE *tree_insert (NODE_TYPE * node, int data)
{
  if (node == NULL) {
    if (NULL == (node = malloc (sizeof (NODE_TYPE)))) {
      printf ("¥nERROR: Can not allocate memory");
      exit (-1);
    }
    node->left = NULL;
    node->right = NULL;
    node->data = data;
  }
  else {
```

```
    if (data < node->data) {
      node->left = tree_insert (node->left, data);
    }
    else if (data > node->data) {
      node->right = tree_insert (node->right, data);
    }
  }
  return node;
}

/* ---------------------------------------- */
NODE_TYPE *tree_delete (NODE_TYPE * node, int data)
{
  NODE_TYPE *temp;

  if (node == NULL) {
    printf ("¥nData item not found");
  }
  else if (data < node->data) {
    node->left = tree_delete (node->left, data);
  }
  else if (data > node->data) {
    node->right = tree_delete (node->right, data);
  }
  else {
    if ((node->left) && (node->right)) {
      temp = tree_find_min (node->right);
      node->data = temp->data;
      node->right = tree_delete (node->right, node->data);
    }
    else if (node->left == NULL) {
      temp = node;
      node = node->right;
      free (temp);
    }
    else {
      temp = node;
      node = node->left;
      free (temp);
    }
  }
  return node;
}

/* ---------------------------------------- */
int main ()
{
```

```
  NODE_TYPE *root;
  int i, v;
  int data [] = { 90, 50, 20, 70, 10, 30, 60, 25, 35 };
  root = NULL;

  for (i = 0; i < 9; i++) {
    printf ("%2d ", data [i]);
    root = tree_insert (root, data [i]);
  }
  printf ("¥n¥n*** binary search tree ***");
  tree_display (root, 0);
  printf ("¥n");

  v = 50;
  printf ("¥n¥n*** delete %d *** ", v);
  tree_delete (root, v);
  printf ("¥n¥n*** binary search tree ***");
  tree_display (root, 0);
  printf ("¥n");

  return 0;
}
```

[出力]

```
90 50 20 70 10 30 60 25 35

*** binary search tree ***
90
____70
______60
__50
________35
______30
________25
____20
______10


*** delete 50 ***

*** binary search tree ***
90
____70
__60
________35
______30
```

コード7.3：バイナリサーチツリーからのノード削除例

## 2. バイナリサーチツリーの特徴

前節1.2では，バイナリサーチツリーのノード挿入の例を示した。この例では，すでにあるバイナリサーチツリーに新たなノードを1つ挿入した。図7-7は，何もない状態から，6個のデータ，40，30，70，60，90，10を順番に挿入していったときにできるバイナリサーチツリーの成長過程を示したもので，右下が完成したバイナリサーチツリーである。

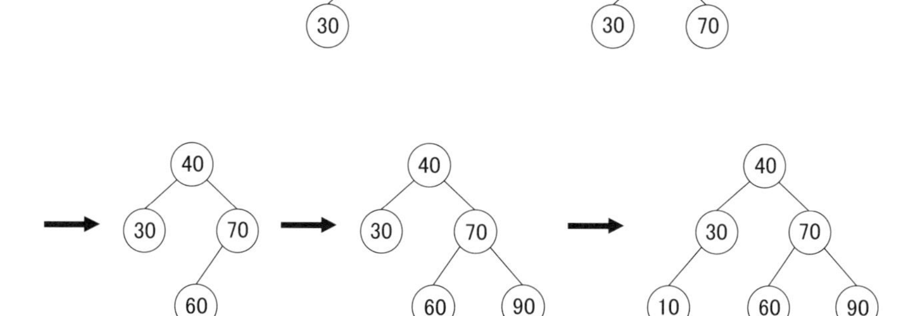


図7-7　6つのデータ40、30、70、60、90、10を順番に挿入してできるバイナリサーチツリー

図7-8は，全く同じデータ6個を用いるが，データを，10，30，40，60，70，90の順に挿入してできるバイナリサーチツリーである。できあ

がるツリーは定義上，バイナリサーチツリーであるが，連結リストと同じ形になる。つまり，図7-7と図7-8を比較してわかるように，完全に同じデータを使って，バイナリサーチツリーを作っても，データの挿入順序によってバイナリサーチツリーの形状は異なったものとなる。図7-8の場合では，挿入されるデータの順序が昇順（小さい順）になっている。つまり，昇順あるいは降順でソート済みの状態のデータを，バイナリサーチツリーに挿入していくと，左右のバランスがとれたツリーの形状にならず，連結リストと同じ形になってしまう。

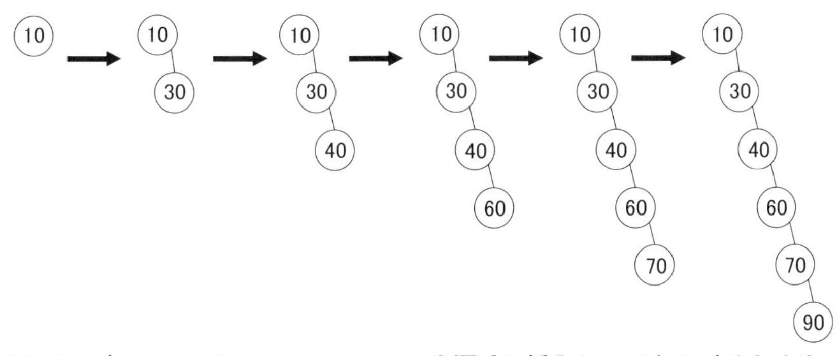


**図7-8　データ10、30、40、60、70、90を順番に挿入してできるバイナリサーチツリー**

## 3. バイナリサーチツリーの操作に関する計算量

図7-9は全ての葉ノードが同じ高さ（レベル）を持つ完全二分木（perfect binary tree またはcomplete binary tree）である。このような，完全二分木における，ツリーの高さと挿入できるノードの数は，数式で表すことができる。完全二分木では，ノードの数を$N$とし，完全二分木の高さを$H$とすると以下の式で表せる。

$$N = 2^H - 1$$

ここで，式を変形し，

$$N + 1 = 2^H$$

高さを$H$の式として表すと以下のようになる。（対数関数$\log_a(x)$は，指数関数$a^x$の逆関数として定義される。）

$$H = \log_2(N+1)$$

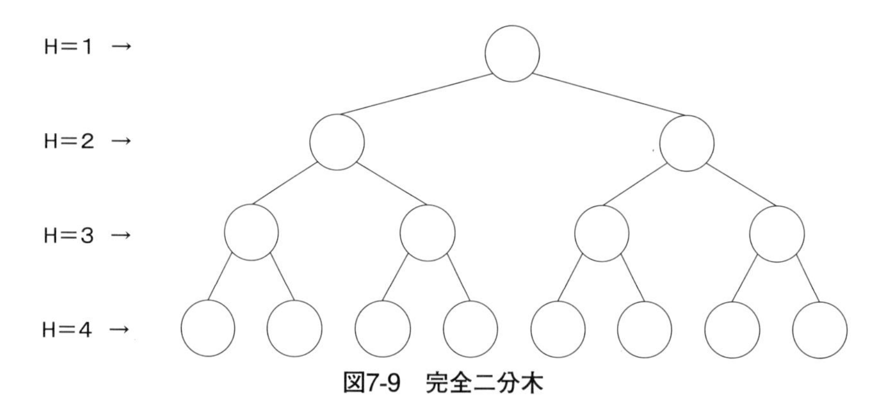


図7-9　完全二分木

この式から，完全二分木の高さと総ノード数の関係をグラフ化したものが図7-10である。

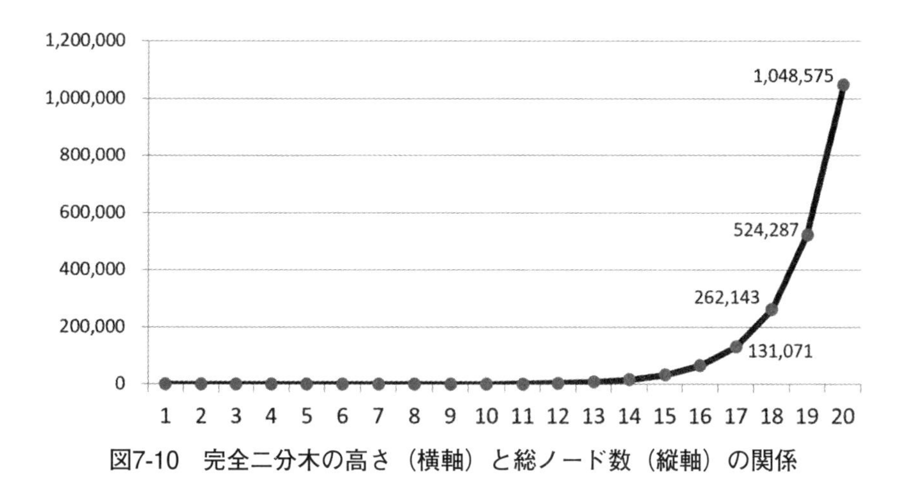


**図7-10　完全二分木の高さ（横軸）と総ノード数（縦軸）の関係**

図7-10のグラフから，完全二分木の高さがわずかに増えるだけで，総ノード数が爆発的に増加することがわかる。

例えば，高さ20の完全二分木であれば，保持できる総ノード数は1,048,575個（100万個以上）にもなる。この完全二分木から，ノードの探索を行うことを考えると，データが1,048,575個もあるにも関わらず，ルートノードから葉ノードの方向へ，最悪でも20回程度ノードの値を比較してリンクをたどれば探索ができることになる。同様の探索を，1,048,575個のデータを保持している連結リストで，探索した場合には，平均で約1,048,575÷2回の比較が必要であり，完全二分木の探索の方が連結リストよりも圧倒的に高速に行えることがわかる。

$n$個のデータを持つ完全二分木の場合，ルートノードから各ノードへの経路長は，約$\log_2 n$になるため，探索は$O(\log n)$の計算量となる。$n$個のデータを持つ連結リストの場合は，平均で，約$n \div 2$個のノードの経路長となるため探索は$O(n)$の計算量となる。

バイナリサーチツリーが高速に探索を行えるのは，各ノードの状態が完全二分木に近い場合であり，図7-8のような連結リストに近い状態であれば，高速な探索は望めない。つまり，バイナリサーチツリーでは，平均の探索は$O(\log n)$の計算量となるが，最悪の場合には連結リストと同じで探索は$O(n)$の計算量となる。表7-1は探索，挿入，削除の計算量を示したものである。

**表7-1　バイナリサーチツリーの計算量**

| | 平均 | 最悪 |
|---|---|---|
| 探索 | $O(\log n)$ | $O(n)$ |
| 挿入 | $O(\log n)$ | $O(n)$ |
| 削除 | $O(\log n)$ | $O(n)$ |

## 演習問題

（問7.1）　$n$個のデータを持つ完全二分木のルートノードから葉ノードへの経路長を答えなさい。

（問7.2）　バイナリサーチツリーに関する基本的な操作を3つ以上列挙しなさい。

（問7.3）　以下の10個のデータを順番に（左側から）挿入し，バイナリサーチツリーを作成しなさい。そして，葉ノードとなるものを列挙しなさい。また，ルートノードはどれか答えなさい。

データ：　25，34，38，40，50，59，63，57，37，98

（問7.4）　バイナリサーチツリー（二分探索木）の走査には，“行きがけ順走査”（preorder traversal），“通りがけ順走査”（inorder traversal），“帰りがけ順走査”（postorder traversal）がある。以下の10個の数値データを順番に挿入して，バイナリサーチツリーを作成し，各走査を行って得られるノードの出力を求めなさい。

データ：　25，34，38，40，50，59，63，57，37，98

（問7.5）　バイナリサーチツリーの探索に必要な，平均の計算量を答えなさい。

（問7.6） バイナリサーチツリーの探索に必要な，最悪の計算量を答えなさい。

（問7.7） コード7.1のノードを探索する関数は，再帰呼び出し関数になっている。非再帰の関数に変更しなさい。

（問7.8） コード7.2を変更して以下のデータを挿入してバイナリサーチツリーの表示を行いなさい。

25，34，38，40，50，59，63，57，37，98

（問7.9） コード7.2を変更して，約1000個の乱数をランダムに挿入してバイナリサーチツリーの表示を行いなさい。乱数の範囲は0以上，9999以下の整数で重複する値があってもよい。

**解答例**

（解7.1） 経路長は，約$\log_2 n$となる。

（解7.2） 探索（search），挿入（insert），削除（delete），走査（traversal）等。

（解7.3）　以下が作成されるバイナリサーチツリーである。葉ノード（leaf node）は，子ノードを持たない37, 57, 98である。ルートノード（root node）は，25である。

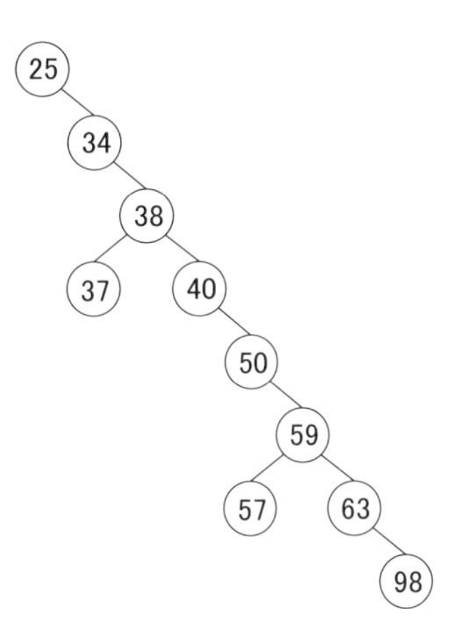


（解7.4）3つの走査結果の求め方については，前章（6章）の図6-10を参考にすること。データ10個は，（問7.3）と同じものである。

入力データ：　25，34，38，40，50，59，63，57，37，98

| | |
|---|---|
| 行きがけ順走<br>（preorder traversal） | 25 34 38 37 40 50 59 57 63 98 |
| 通りがけ順走査<br>（inorder traversal） | 25 34 37 38 40 50 57 59 63 98 |
| 帰りがけ順走査<br>（postorder traversal） | 37 57 98 63 59 50 40 38 34 25 |

（解7.5）　探索の平均の計算量はO（log $n$）となる。

（解7.6） 探索の最悪の計算量はO($n$）となる。

（解7.7） バイナリサーチツリーのノード探索関数（再帰と非再帰）

「q7-1.c」（コードの一部）

```
/* ---------------------------------------- */
NODE_TYPE *tree_find (NODE_TYPE * node, int data)
{
  if (node == NULL) {
    return NULL;
  }
  if (data < (node->data)) {
    return tree_find (node->left, data);
  }
  if (data > (node->data)) {
    return tree_find (node->right, data);
  }
  return node;
}


/* ---------------------------------------- */
NODE_TYPE *tree_find_nonrecursion (NODE_TYPE * root, int data)
{
  NODE_TYPE *node;

  node = root;
  while (node != NULL) {
    if (data == node->data) {
      return node;
    }
    else if (data < (node->data)) {
      node = node->left;
    }
    else {
      node = node->right;
    }
  }
  return NULL;
}
```

「出力」

```
40 30 70 10 60 90 20 80

*** binary search tree ***
____90
```

```
______80
__70
____60
40
__30
______20
____10

*** searching for a node [80] ***
node [80] found!
```

（解7.8）　データ25, 34, 38, 40, 50, 59, 63, 57, 37, 98を挿入してバイナリサーチツリーを作成する。

「q7-2.c」（コードの一部）

```
/* ---------------------------------------- */
int main ()
{
  NODE_TYPE *root;
  int i;
  int data [] = { 25, 34, 38, 40, 50, 59, 63, 57, 37, 98 };
  root = NULL;

  for (i = 0; i < 10; i++) {
    printf ("%2d ", data [i]);
    root = tree_insert (root, data [i]);
  }
  printf ("¥n¥n*** binary search tree ***");
  tree_display (root, 0);
  printf ("¥n");

  return 0;
}
```

「出力」

```
25 34 38 40 50 59 63 57 37 98

*** binary search tree ***
______________98
____________63
```

```
__________59
____________57
________50
______40
____38
______37
__34
25
```

（解7.9） 約1000個の乱数を挿入してバイナリサーチツリーの表示を行う。システムによって乱数が異なるが，乱数がランダムに挿入されるためバイナリサーチツリーの形は，ほぼバランスがとれていることを確認すること。（なお，このコードでは，同値となる乱数が発生した場合を考慮していないため，挿入されるノード数は1000個にはならない。）

「q7-3.c」（コードの一部）

```
/* ------------------------------------------- */
int main ()
{
  NODE_TYPE *root;
  int i, v;
  root = NULL;

  for (i = 0; i < 1000; i++) {
    v = rand () % 10000;
    root = tree_insert (root, v);
  }
  printf ("¥n¥n*** binary search tree ***");
  tree_display (root, 0);
  printf ("¥n");

  return 0;
}
```

「出力」（省略あり）

```


*** binary search tree ***
________9999
______9958
```

```
____9956
________9934
__________9933
______9932
____________9917
__________________9911
```

・・・省略・・・

```
________________9415
________9412
__________9390
9383
____________________9379
________________________9368
______________________9365
```

・・・省略・・・

```
______________32
__________28
______27
__________19
________12
____________8
__________0
```

# 8 ツリーの応用

**《目標とポイント》** バイナリサーチツリーに対する基本的な操作として，ノードの探索，ノードの挿入，ノードの削除，ツリーの走査などがある。本章では，その他の応用的な操作について考える。また，バイナリサーチツリーの問題点について考える。そして，平衡木の仕組みと性質について学習する。
**《キーワード》** ツリーの削除，パス表示，左右ノード反転，平衡木，計算量，AVLツリー

## 1. バイナリサーチツリーに対する様々な操作

6章，7章では，バイナリサーチツリーに対する基本的な操作について学習した。本章ではバイナリサーチツリーに対する応用的な操作の例について考える。

### 1.1 バイナリサーチツリーの削除

通常，バイナリサーチツリーのノードに必要なメモリは動的に確保され，ノードが不要になれば，ノードのメモリを解放する。前章（7章）では，ツリー内の個々のノードを削除するコードについて考えた。バイナリサーチツリーのノードを全てまとめて削除するためには，帰りがけ順の走査でノードを削除していくとコードが簡単になる。図8-1のバイナリサーチツリーを例にすると，帰りがけ順（20, 10, 30, 50, 60, 80, 100, 90, 70, 40）でノードを削除する。帰りがけ順でノードを順番に削除する

ことにより，子ノードを持たないノードが次々と削除されていくことになる。

コード8.1は，バイナリサーチツリーの全てのノード削除とメモリ解放を行うことで，バイナリサーチツリーを削除するコードである。この例では，main関数からtree_delete関数が呼ばれた後で，root変数にNULLを設定している。これは，一度，free関数で解放したポインタには，NULL等を代入するのが良いとされているためである。free(NULL)は，安全が保証されているため，一度，free関数で解放されたポインタを再度free関数で解放する二重解放の不具合を避けることができる。

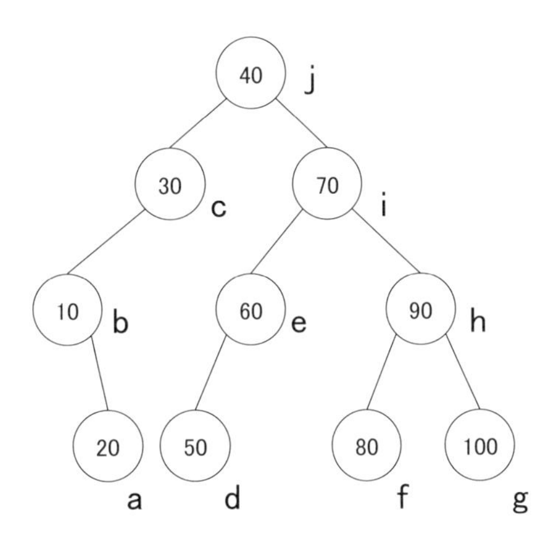


**図8-1　バイナリサーチツリーの削除（帰りがけ順でノードを削除。a, b, c, d, e, f, g, h, i, j の順番で削除される。）**

[ c8-1.c ]

```
/* code: c8-1.c   (v1.18.00) */
#include <stdio.h>
#include <stdlib.h>
```

```
struct Node
{
  int data;
  struct Node *left;
  struct Node *right;
};
typedef struct Node NODE_TYPE;

/* ---------------------------------------- */
void tree_display (NODE_TYPE * node, int level)
{
  int i;

  if (node != NULL) {
    tree_display (node->right, level + 1);

    printf ("¥n");
    for (i = 0; i < level; i++) {
      printf ("_");
    }
    printf ("%d", node->data);
    tree_display (node->left, level + 1);
  }
}


/* ---------------------------------------- */
NODE_TYPE *tree_insert (NODE_TYPE * node, int data)
{
  if (node == NULL) {
    if (NULL == (node = malloc (sizeof (NODE_TYPE)))) {
      printf ("¥nERROR: Can not allocate memory");
      exit (-1);
    }
    node->left = NULL;
    node->right = NULL;
    node->data = data;
  }
  else {
    if (data < node->data) {
      node->left = tree_insert (node->left, data);
    }
    else if (data > node->data) {
      node->right = tree_insert (node->right, data);
    }
  }
```

```
  return node;
}

/* ---------------------------------------- */
void tree_delete (NODE_TYPE * node)
{
  if (node == NULL)
    return;

  tree_delete (node->left);
  tree_delete (node->right);
  free (node);
}

/* ---------------------------------------- */
int main ()
{
  NODE_TYPE *root;
  int i;
  int array [10] = { 40, 30, 70, 10, 60, 90, 20, 80, 50, 100 };

  root = NULL;
  for (i = 0; i < 10; i++) {
    root = tree_insert (root, array [i]);
  }

  tree_display (root, 0);
  printf ("¥n¥n");

  tree_delete (root);
  root = NULL;

  return 0;
}
```

[出力]

```
___100
__90
___80
_70
__60
___50
40
_30
___20
__10
```

**コード8.1：バイナリサーチツリーの削除**

第7章のコード例では，バイナリサーチツリーにノードを挿入した後に様々な処理を行った。そして，挿入したノードのメモリを解放しないままコードを終了している。厳密なメモリ処理を考慮すると，本来，これらのメモリは解放しなくてはならない。このような処理は，コード8.1のtree_deleteの関数を利用することで実現できる。

メモリの解放を忘れ，次々とメモリを確保し続けることはメモリリーク（memory leak）と呼ばれる。メモリリークによってメモリが不足すると，プログラムやOSが異常終了する場合や，実行速度が低下する場合がある。メモリ関連のバグを発見するために様々なソフトウェアが開発されている。Linux等のシステムであれば，valgrind（http://valgrind.org/）などが有名である。以下は，コード8.1のメモリリークをvalgrindで調べた結果の一部である。（このようなソフトウェアを利用して，第7章のコード7.1のように挿入したノードのメモリを解放していない場合と結果を比較してほしい。）

```
$ gcc -ggdb c8-1.c -o c8-1
$ valgrind -v ./c8-1
==2376== Memcheck, a memory error detector
==2376== Copyright (C) 2002-2015, and GNU GPL'd, by Julian Seward et al.
==2376== Using Valgrind-3.11.0 and LibVEX; rerun with -h for copyright info
==2376== Command: ./c8-1

・・・　省略　・・・

==2376== HEAP SUMMARY:
==2376==     in use at exit: 0 bytes in 0 blocks
==2376==   total heap usage: 11 allocs, 11 frees, 1,264 bytes allocated
==2376==
==2376== All heap blocks were freed -- no leaks are possible
==2376==
==2376== ERROR SUMMARY: 0 errors from 0 contexts (suppressed: 0 from 0)
==2376== ERROR SUMMARY: 0 errors from 0 contexts (suppressed: 0 from 0)
```

### 1.2　バイナリサーチツリーの削除（ラッパーを利用）

コード8.2は，コード8.1と同様の処理を行うが，NULLを代入する処理を1つの関数でまとめている。その結果，2つの関数に処理が分かれてしまうが，tree_delete_wrapper関数をmain関数内から呼べばよく，main関数内でツリーのrootにNULLを設定する必要がなくなる。このような関数は，ラッパー（wrapper）関数と呼ばれる。関数，ライブラリ，クラス等があるとき，通常はそれらを直接呼び出すが，何らかの事情でそれらを間接的に呼び出したい場合が存在する。一般的に，ラッパー関数とは，ある関数を包みこんで（ラップして），別の関数として処理を行う。元々の関数の機能を包み，覆い隠すためにラッパーと呼ばれる。例としては，関数の簡略化や異なる環境の関数の仕様を統一するなどの目的で利用される。

[ c8-2.c ]（コードの一部）

```
/* ------------------------------------------ */
void tree_delete (NODE_TYPE * node)
{
  if (node == NULL)
    return;

  tree_delete (node->left);
  tree_delete (node->right);
  free (node);
}

/* ------------------------------------------ */
void tree_delete_wrapper (NODE_TYPE ** node)
{
  tree_delete (*node);
  *node = NULL;
}

/* ------------------------------------------ */
int main ()
```

```
{
  NODE_TYPE *root;
  int i;
  int array [10] = { 40, 30, 70, 10, 60, 90, 20, 80, 50, 100 };

  root = NULL;
  for (i = 0; i < 10; i++) {
    root = tree_insert (root, array [i]);
  }

  tree_display (root, 0);
  printf ("¥n¥n");

  tree_delete_wrapper (&root);

  return 0;
}
```

[出力]

```
___100
__90
___80
_70
__60
___50
40
_30
___20
__10
```

**コード8.2：バイナリサーチツリーの削除（ラッパー関数利用）**

### 1.3 ルートノードから葉ノードまでのパス表示

コード8.3の関数は，ルートノードから葉ノードまでのパス表示を行う。再帰的に各ノードをたどっていく。ルートノードから各ノードまでの長さを配列の添字として利用し，配列にノードのラベルを保存していく。そして，葉ノードにたどり着いた時に，保存した配列のラベルを表示する。

［ c8-3.c ］（コードの一部）

```
/* ---------------------------------------- */
void print_buffer (int buf [] , int len)
{
  int i;
  for (i = 0; i < len; i++) {
    printf ("%d", buf [i]);
    if (i != len - 1) {
      printf (" -> ");
    }
  }
  printf ("¥n");
}


/* ---------------------------------------- */
void root_to_leaf (NODE_TYPE * node, int path [] , int length)
{
  if (node == NULL)
    return;

  path [length] = node->data;
  length++;

  if ((node->left == NULL) && (node->right == NULL)) {
    print_buffer (path, length);
  }
  else {
    root_to_leaf (node->left, path, length);
    root_to_leaf (node->right, path, length);
  }
}


/* ---------------------------------------- */
int main ()
{
  NODE_TYPE *root;
  int i;
  int array [10] = { 40, 30, 70, 10, 60, 90, 20, 80, 50, 100 };
  int *path;
```

```
  path = malloc (sizeof (int) * MAX_BUF);

  root = NULL;
  for (i = 0; i < 10; i++) {
    root = tree_insert (root, array [i]);
  }

  tree_display (root, 0);
  printf ("¥n¥n");

  printf ("--- root-to-leaf path(s) ---¥n");
  root_to_leaf (root, path, 0);

  free (path);
  return 0;
}
```

[出力]

```
___100
__90
___80
_70
__60
___50
40
_30
___20
__10

--- root-to-leaf path(s) ---
40 -> 30 -> 10 -> 20
40 -> 70 -> 60 -> 50
40 -> 70 -> 90 -> 80
40 -> 70 -> 90 -> 100
```

**コード8.3： ルートノードから葉ノードまでのパス表示**

### 1.4 バイナリサーチツリーの左右ノード反転

コード8.4は，各ノードの左右の子ノードを交換する。これによってバイナリサーチツリーは鏡面に映したように左右のノードが反転する。コードは再帰的に各ノードをたどり，ノードを一時的に保存するメモリを使って，左のノードと右のノードの情報を入れ替えていく。

[ c8-4.c ]（コードの一部）

```
/* ---------------------------------------- */
void tree_mirror (NODE_TYPE * node)
{
  NODE_TYPE *temp;

  if (node != NULL) {
    tree_mirror (node->left);
    tree_mirror (node->right);

    temp = node->left;
    node->left = node->right;
    node->right = temp;
  }
}


/* ---------------------------------------- */
int main ()
{
  NODE_TYPE *root;
  int i;
  int array [10] = { 40, 30, 70, 10, 60, 90, 20, 80, 50, 100 };


  root = NULL;
  for (i = 0; i < 10; i++) {
    root = tree_insert (root, array [i]);
  }

  tree_display (root, 0);
  printf ("¥n¥n");

  printf ("--- mirror ---¥n");
  tree_mirror (root);

  tree_display (root, 0);
  printf ("¥n¥n");

  return 0;
}
```

[出力]

```
___100
__90
___80
_70
__60
___50
40
_30
___20
__10

--- mirror ---

__10
___20
_30
40
___50
__60
_70
___80
__90
___100
```

**コード8.4：バイナリサーチツリーの左右ノード反転**

## 2. 平 衡 木

平衡木（balanced tree；平衡木；へいこうぎ）は，ルートノードから葉ノードまでの高さが，なるべく同じになるように設定されたツリーである。図8-2はバイナリサーチツリーの例で，ツリーの形状として，左はバランスの良いツリーで，右はバランスの悪いツリーである。バイナリサーチツリーの探索は，左のツリーのように，完全二分木に近ければ，計算量O($\log n$)の高速な探索が可能であるが，右のツリーのように連結リストと同じような形では，計算量O($n$)の探索となってしまう。これはノードの探索だけでなく，挿入や削除といった操作の計算量についても同じである。平衡木は，このような状況を避けるため，ノードの挿入と削除が行われる時に，ツリーが平衡を保つようにツリーのノードに処理を行う。

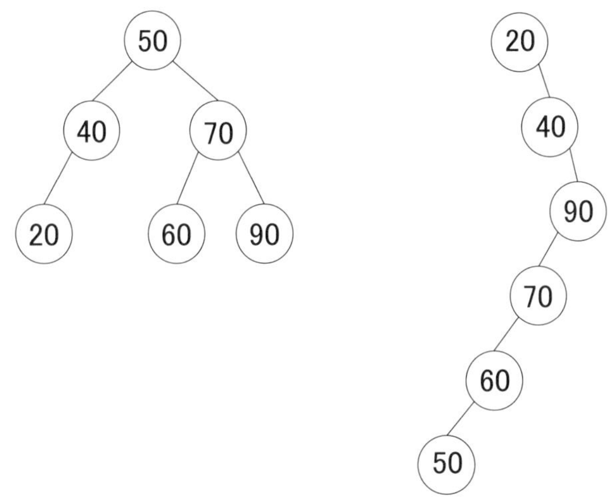


**図8-2　バランスの良いツリー（左）とバランスの悪いツリー（右）**

平衡木は，幾つかの種類がある。表8-1は代表的なものを列挙している。最も古い平衡木としては，1962年にG. M. Adelson-Velskii と E. M. Landis が提案したAVLツリーが有名であり，発明者の頭文字をとってAVLと名付けられている。

表8-1　二分木系の平衡木の例

| | |
|---|---|
| AVLツリー<br>(AVL tree) | G. M. Adelson-Velskii and E. M. Landis (1962) |
| レッド・ブラック・ツリー<br>(Red-Black tree) | R. Bayer (1972) |
| スプレイ・ツリー<br>(Splay tree) | D. D. Sleator and R. E. Tarjan (1985) |
| AAツリー<br>(AA tree) | A. Andersson (1993) |

AVLツリーは，バイナリサーチツリーに対して，全てのノードで，左のサブツリーと右のサブツリーの高さの差が1つ以内になるという制約がある。図8-3の例は，バイナリーツリーの内部ノード（internal node；葉ノードではないノード）をルートノードとするサブツリーを考えた時のサブツリーの高さを数字で表したものである。図8-3の左側のツリーは制約を満たしており，AVLツリーである。しかし，図8-3の右側のツリーは，ルートノードの左側がサブツリーの高さが1，ルートノードの右側のサブツリーの高さ3であり，その差が2となり，これは1より大きいのでAVLツリーではない。

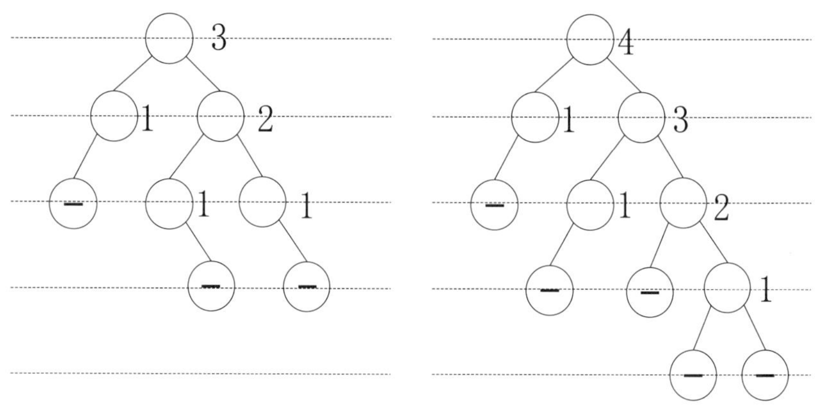


図8-3　AVLツリー（左）と非AVLツリー（右）

AVLツリーにノードを挿入・削除する基本的な手順は，バイナリサーチツリーと同じである。しかし，挿入と削除の後に，AVLツリーの制約を守るための処理が必要で，この処理は若干複雑である。図8-4はAVLツリーの例である。三角形の部分$\alpha$，$\beta$，$\gamma$はサブツリーを表している。ノードaから見て，左右のサブツリーの高さの差は1以下でありAVLツリーの制約を満たしている。このようなAVLツリーにノードを挿入する場合を考える。ノードがサブツリー$\alpha$，$\beta$，$\gamma$のどの部分に挿入されるかによって処理が異なる。最も簡単な場合は，サブツリー$\gamma$へノードが挿入された場合であり，このときは，ノードaから見てAVLツリー左右のサブツリーの高さの差は1以下であり，AVLツリーの制約を満たしている。問題は，サブツリー$\alpha$か$\beta$のノードへ挿入された場合である。

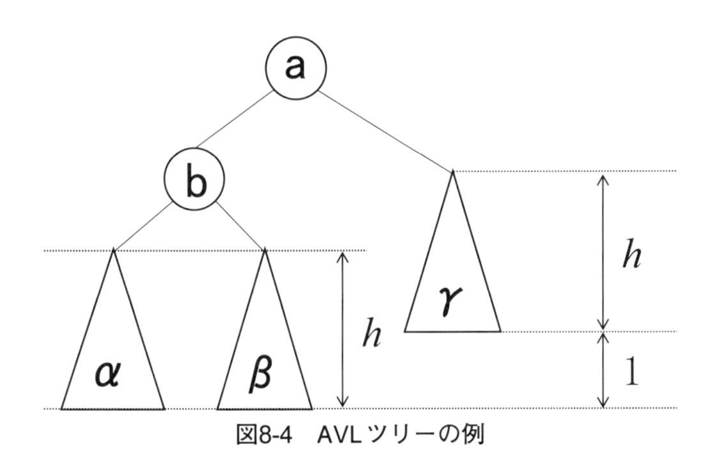

図8-4　AVLツリーの例

まず，ノードがサブツリー$\alpha$に挿入された場合を考える。この場合，図8-5の左側のツリーのようにノードaから見てAVLツリー左右のサブツリーの高さの差は2となり，処理が必要となる。この時に行われるのが，

1重回転（single rotation）と呼ばれる処理である。図8-5の右側のツリーのように，ノードbをノードaの親ノードとなるようにして，サブツリー$\beta$は，ノードaの子ノードとなるようにする。これによって，3つのサブツリー$\alpha$，$\beta$，$\gamma$の高さの差はなくなりAVLツリーの制約を満たすようになる。

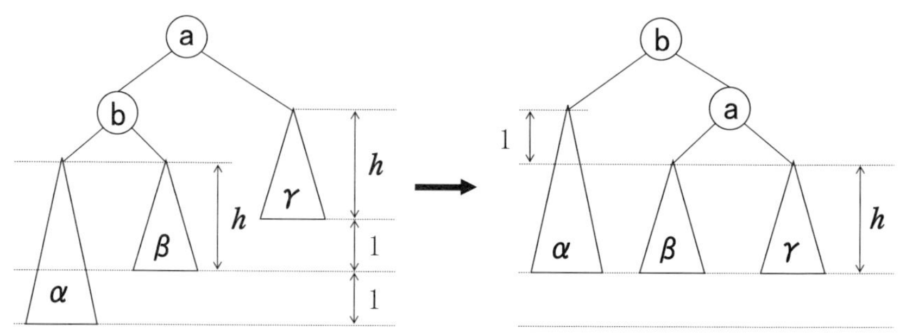


図8-5　AVLツリーの1重回転

もう1つの挿入のケースが，図8-4のようなツリーの状態から，新規のノードが図8-6の左側ツリーのように，サブツリー$\beta$にノードが挿入された場合である。この場合，サブツリー$\beta$の高さが1つ大きくなるため，ノードaから見てサブツリー$\beta$と$\gamma$の高さの差は2となり処理が必要となる。この時に行われる処理が，2重回転（double rotation）と呼ばれる処理である。この処理では，$\beta$のサブツリーをノードcと，ノードcの左右のサブツリー$\beta_1$と$\beta_2$に分割する。そして，図8-6の中央のツリーのように，ノードa，ノードb，ノードcの位置とそれらのサブツリー

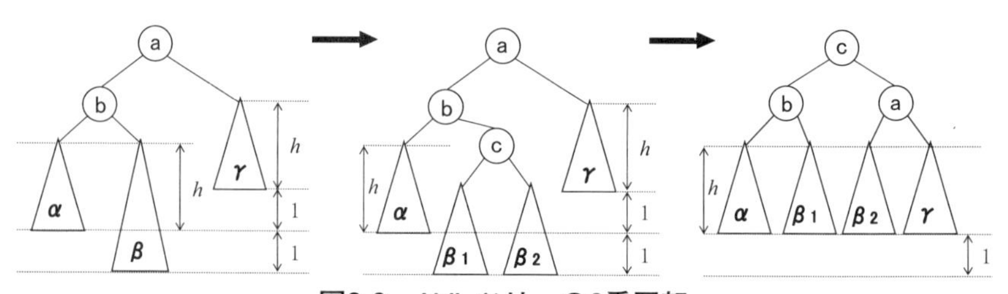


図8-6　AVLツリーの2重回転

の接続を変更する。これによって，図8-6の右側の図のように，3つのサブツリー$\alpha$，$\beta_1$，$\beta_2$，$\gamma$の高さの差はなくなりAVLツリーの制約を満たすようになる。

以上の1重回転と2重回転の処理は，図8-4のようにツリーの左サブツリーの高さが大きい場合の処理である。図8-4とは対照的にツリーの右サブツリーの高さが大きい場合は，左右を反転させた同様の処理を行えばよい。これを要約した疑似コード（pseudocode）が擬似コード8.1である。1重回転と2重回転の計算量はO(1)であり，変更が必要となるノード数は，ほぼツリーの高さであるからその計算量は$O(\log n)$である。したがって，ノード挿入の計算量は$O(\log n)$である。AVLツリーのノード削除も挿入の処理と類似しており，ノードが削除されたツリーの状態を判断し，1重回転と2重回転の処理を行い，木がAVLツリーの制約を満たすように変更を行っていく。

```
if ツリーの右側が大きい　{
  if　右側サブツリーの左側が大きい　{
     ２重回転（左回転）を行う
  }
  else {
     １重回転（左回転）を行う
  }
}
else if　ツリーの左側が大きい　{
  if 左側サブツリーの右側が大きい　{
     ２重回転（右回転）を行う
  }
  else {
     １重回転（右回転）を行う
  }
}
```

**擬似コード8.1：AVLツリーのノード挿入の疑似コード（pseudocode）**

## 演習問題

（問8.1） バイナリサーチツリーに対する，ノードの挿入，ノードの削除，ノードの探索の計算量（平均，最悪）について答えなさい。

（問8.2） AVLツリーに対する，ノードの挿入，ノードの削除，ノードの探索の計算量（平均，最悪）について答えなさい。

（問8.3） **チャレンジ問題** 2つのバイナリサーチツリーが同じものか比較するコードを作成しなさい。

（問8.4） **チャレンジ問題** 重複の無い1000個の乱数を発生させ，バイナリサーチツリーに挿入してから表示を行うコードを作成しなさい。乱数は0以上999以下の整数とする。（q8-2.cを参考にすること。）

（問8.5） **チャレンジ問題** 重複の無い1000個の乱数を発生させ，AVLツリーに挿入してから表示を行うコードを作成しなさい。乱数は0以上999以下の整数とする。（AVLツリーのコードは複雑である。q8-3.cを参考にすること。）

（問8.6） **チャレンジ問題** （問8.4）と（問8.5）の出力結果を比較しなさい。（i.e.：q8-2.cのq8-3.cの出力を比較）

（問8.7） **チャレンジ問題** 重複の無い100個の乱数を発生させ，乱数をソート後，AVLツリーに挿入してから表示を行うコードを作成しなさい。乱数は0以上99以下の整数とする。

## 解答例

(解8.1)　バイナリサーチツリーの計算量。

| | 平均 | 最悪 |
|---|---|---|
| 探索 | $O(\log n)$ | $O(n)$ |
| 挿入 | $O(\log n)$ | $O(n)$ |
| 削除 | $O(\log n)$ | $O(n)$ |

**バイナリサーチツリーの計算量**

(解8.2)　AVLツリーの計算量。AVLツリーは，バイナリサーチツリーに対して，全てのノードで，左のサブツリーと右のサブツリーの高さの差が1つ以内になるという制約がある。

| | 平均 | 最悪 |
|---|---|---|
| 探索 | $O(\log n)$ | $O(\log n)$ |
| 挿入 | $O(\log n)$ | $O(\log n)$ |
| 削除 | $O(\log n)$ | $O(\log n)$ |

**AVLツリーの計算量**

(解8.3)　Web補助教材を参考にすること (q8-1.c)。2つのバイナリサーチツリーが同じものか比較するコードの出力結果例

[ q8-1.c ] (コードの一部)

```
/* ------------------------------------------ */
int tree_identical (NODE_TYPE * a, NODE_TYPE * b)
{
  int stat;

  if ((a == NULL) && (b == NULL)) {
    return TRUE;
```

```
  }
  else if ((a != NULL) && (b != NULL)) {
    stat = (a->data == b->data) &&
      tree_identical (a->left, b->left) &&
      tree_identical (a->right, b->right);
    return stat;
  }
  else {
    return FALSE;
  }
}
```

[出力]

```
_50
40
_30
__20
___10


_50
40
_30
___20
__10

*** Not identical ***
```

(解8.4)　Web補助教材を参考にすること（q8-2.c)。重複の無い乱数の配列を作る方法については，1章の（問1.8）のコード（q1-5.c）を参考にすること。

(解8.5)　Web補助教材を参考にすること（q8-3.c)。

(解8.6)　バイナリサーチツリーとAVLツリー出力結果の一部。1000個の乱数。乱数は0から999までの範囲。2つのツリーの形状に注目。AVLツリーでは，ツリー形状のバランスが良い。

[出力]　バイナリサーチツリー（出力の一部）

```
___999
__998
___997
_996
__995
___994
____993
992
_________991

・・・省略・・・

_________________10
______________9
________________8
_________________7
_______________6
_____________5
___________4
____________3
_______________2
______________1
_____________0
```

[出力]　AVLツリー（出力の一部）

```
__________999
_________998
___________997
__________996
________995
_________994
__________993
_______992
___________991

・・・省略・・・
```

（解8.7） Web補助教材を参考にすること（q8-4.c）。挿入されたノードが連結リストのようにならないことに注目。

［出力］ AVLツリー（出力の一部）

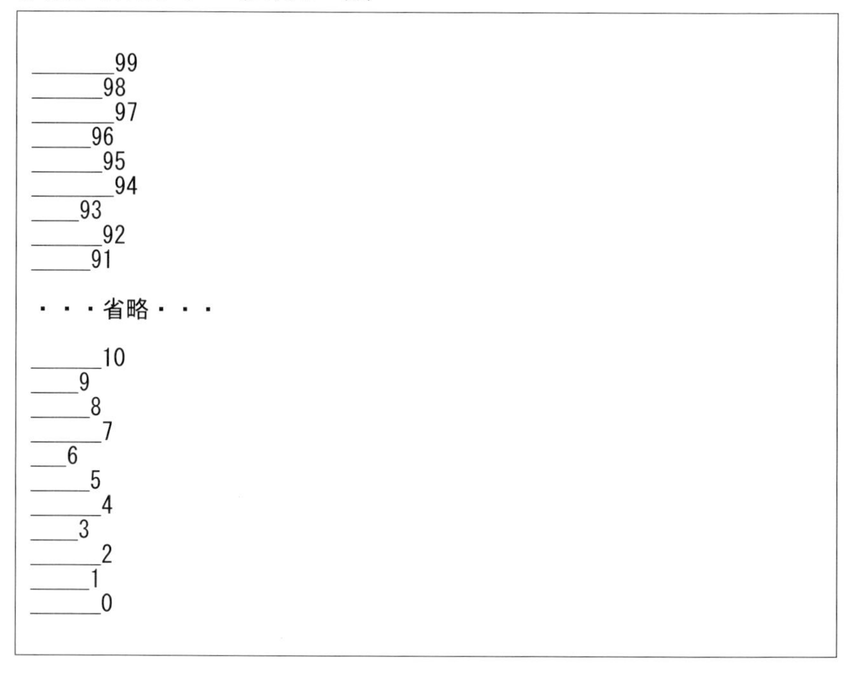

# 9 ハッシュテーブルとオープンアドレス法

**《目標とポイント》** ハッシュ法はデータの数に関係なく定数計算量で，データの探索，挿入，削除を行うことができる最速の手法である。本章では，ハッシュ関数，ハッシュ値の衝突について学ぶ。また，オープンアドレス法の特徴について学習する。
**《キーワード》** ハッシュ法，ハッシュ関数，衝突，オープンアドレス法，線形探査，平方探査，ダブルハッシング

## 1. ハッシュ法のしくみ

ハッシュテーブル（hash table）は，データの数に関係なく，データの探索，挿入，削除を行うことができるデータ構造である。計算量はO(1)またはO($C$)等で表される（$C$はconstant（定数）を意味する）。ハッシュ法では，データに関連した，キーと呼ばれる値を，データが格納される配列の添字の値に用いることで，データをテーブル構造の配列に格納していく。

### 1.1 ハッシュ関数

キーの値を配列の添字へ変換する関数はハッシュ関数(hash function)といい，キーの値を関数へ与えたときに計算され返される関数の値をハッシュ値（hash value）という。データを格納する配列は，ハッシュテーブル（hash table），ハッシュテーブルの要素はバケット（bucket）

と呼ばれる。

ハッシュとは，何かを細かく切り刻むこと意味している。ハッシュ法では，データのキーとなる値を，ハッシュ関数によって，細かく切り刻むことによって，データを格納する配列の添字の範囲を計算し，データの格納を実現している。

図9-1は，ハッシュ法の概要を表したものである。この例では，383，886，777，915という4つのデータを順番にハッシュテーブルに挿入する。ハッシュテーブルには，10個のバケットがある。バケットの添字は，0から9までの値となる。各データからハッシュ関数を使って，配列の添字を計算し，その値に従ってデータをハッシュテーブルに挿入する。この例では，ハッシュ関数は次節で説明する除算法を用いている。

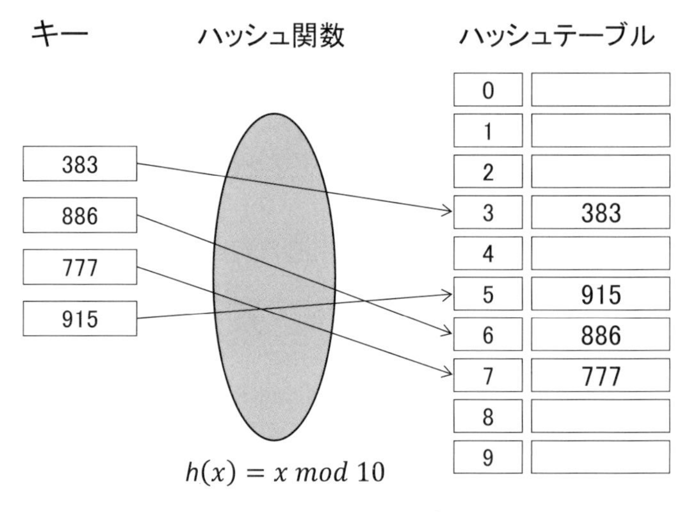


図9-1　ハッシュ法

コラム 「ハッシュ（hash）」

ハッシュとは，“細かく切る”，“寄せ集め”といった意味の単語である。例としては，細かく切り刻まれたジャガイモを固めて油で揚げた，ハッシュポテト（hash browns；ハッシュブラウンズ）という食べ物がある。料理を細切れにするのと同様に，ハッシュテーブルでは，データの内容とは無関係にデータを個々の数字に変換して，データをハッシュテーブルに収まるようにするので，このような名前となっている。

ハッシュ関数は重要である。ハッシュテーブルのようなデータ構造に利用されるだけではなく通信分野などでも利用される。インターネット通信では，データを送受信する際に経路の両端でデータのハッシュ値を求めて両者を比較することで，データが途中で改竄（かいざん）されていないか確認することができる。（MD5，SHA-2，SHA-3等）

### 1.2　様々なハッシュ関数

単純なハッシュ関数の例をいくつか以下に列挙する。

#### 除算法（division method）

非常に単純なハッシュ関数であり，以下の式で表される。

$$h(x) = x \ mod \ m$$

$x$がキーの値，$m$は除数で，2つとも整数値である。$mod$は（modulo arithmetic;モジュロ演算）を意味し，$x$を$m$で割った時の残り（remainder;剰余）を計算する演算子（operator）である。C言語では，“%”が演算子として使われる。例えば，キーの値を383，$m$の値を10とすると

$$h(383) = 383 \ mod \ 10 = 3$$

となり，ハッシュ値は3となる。この関数では，計算されるハッシュ値が0から除数$m-1$までの間になる。図8-1の例では886，777，915のデータから，以下のようなハッシュ値が得られる。

$$h(886) = 886 \ mod \ 10 = 6$$

$$h(777) = 777 \ mod \ 10 = 7$$

$$h(915) = 915 \ mod \ 10 = 5$$

計算で得られた数値，6，7，5が対応する配列の添字になっている。

### 中央積算法（mid-square method）

このハッシュ関数はキーとなる数値自身を積算し，積算された数値の中央付近の位の数字を選択し，ハッシュ値とする方法である。例えば，キーの値383からハッシュ値を計算するには，まず，積算によって
$383 \times 383 = 146{,}689$　を求める。3桁のハッシュ値を得る場合には，千の位，百の位，十の位の数値を取り出す。この場合には，668がハッシュ値となる。（万の位，千の位，百の位を取り出した場合には，466がハッシュ値となる。）

### 折り畳み法（folding method）

このハッシュ関数の計算では，まず，キーとなる数値を複数の部分に分ける。ただし，分割する個数は，分割される数値の桁数が，求めたいハッシュ値の桁数と同じになるようにする。そして，分割して得られた数値を全て加算し，その数値から求めたいハッシュ値の桁数分だけ数値を選択して，これをハッシュ値とする。例えば，キーの値が19701219で，2桁のハッシュ値を得たい場合には，分割する数字の桁数が2となるように19，70，12，19の4つの部分に数値を分割する。そして，各数値を足

し算すると，19＋70＋12＋19＝120となる。120から必要な2桁の数値20を取り出して，ハッシュ値20が得られる。

### 1.3　ハッシュ値の衝突

ハッシュ関数で重要なのは，与えられたキーに対してユニーク（唯一の；他に類がない）なハッシュ値を返すことである。しかし，ハッシュ関数はキーの値が異なっていても，同じハッシュ値を返す場合がある。例えば，2つのキーとなる値383と793があったとする。除算法を用いて，この2つのキーに対応したハッシュ値を計算する。ただし，$m$の値を10とする。

まず，キーの値383は，

$$h(383) = 383 \ mod \ 10 = 3$$

キーの値793では，

$$h(793) = 793 \ mod \ 10 = 3$$

となり，異なるキーの値383と793からは，同じハッシュ値が計算されてしまう。このように，異なるキーから同じハッシュ値が計算されてしまう状態を衝突（collision; しょうとつ）と呼ぶ。衝突の発生は，異なるキーに対して，データを格納する配列の添字が同じになってしまうことであり，衝突を解決する方法（collision resolution）が必要となる。

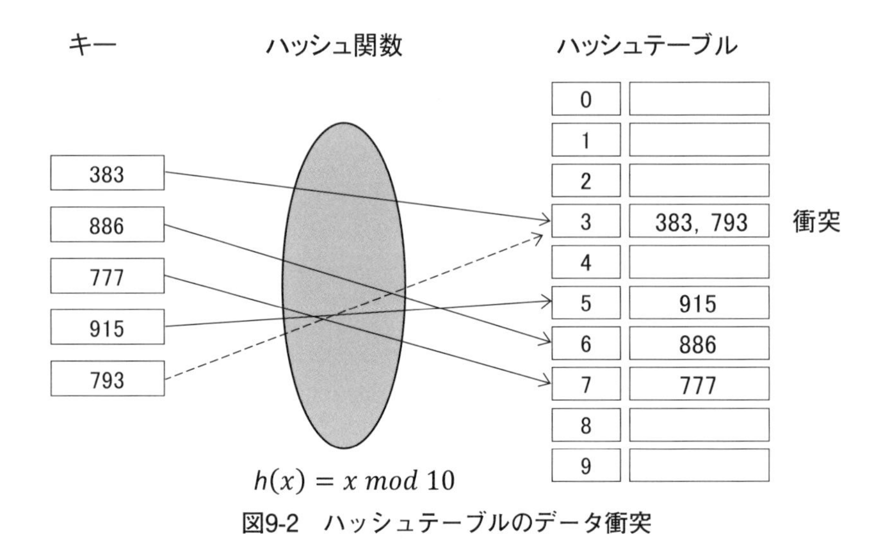


図9-2　ハッシュテーブルのデータ衝突

衝突の解決法として代表的なものには，2つの方法がある。1つは，オープンアドレス法（open addressing）で，ハッシュテーブルに，すでに，データが登録されている場合に，ハッシュテーブル内の空いている場所を探索し，データを登録する方法である。もう1つの方法は，連鎖法（chaining）で，同じハッシュ値が得られた場合に，ハッシュテーブルにデータを連結リストによって追加していく方法（10章）である。

## 2. オープンアドレス法

オープンアドレス法（open addressing）（空き番地法，開番地法とも呼ばれることもある）は，衝突が発生したとき，ハッシュテーブル内の別の空いているバケットを探索し，その別のバケットにデータを格納する。別のバケットを探すためのハッシング操作を再ハッシュ（rehashing）

という。空いているバケットを探す方法として，代表的なものには，線形探査（linear probing），平方探査（quadratic probing），ダブルハッシング（double hashing）がある。

### 2.1　線形探査

衝突が発生し，ハッシュテーブルのバケットがすでに埋まっている場合，単純に，隣接する次の空いているバケットを探索し，空いているバケットがあればそこにデータを登録していく方法である。(probeとは探査することの意味で，例えば，space probeは宇宙探査機のことである。) 線形探査の関数$h(x, i)$は以下のように表すことができる。ただし，$h(x)$はハッシュ関数，$m$はハッシュテーブルのバケット数，$i$は再ハッシュの回数である。

$$h(x,\ i) = (h(x) + i)\ mod\ m$$

線形探索（図9-3）では，ハッシュテーブルの配列の添字をindexとすると，index +1，index +2，index +3，index +4，index +5，…のように添字が増加する。793の挿入例では，添字3のバケットがすでに埋まっているので，添字4のバケットに793を入れる。

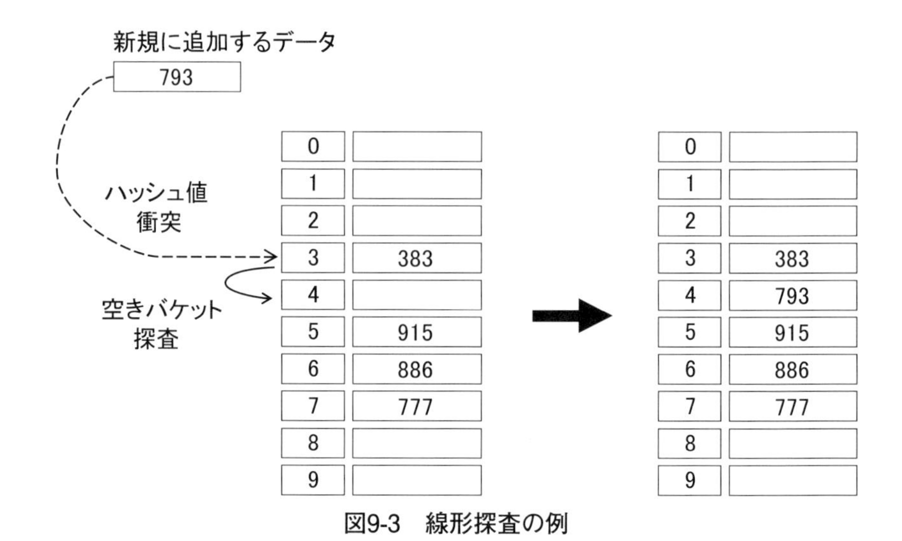


図9-3　線形探査の例

線形探査は明解でわかりやすいが，バケットのクラスタ化(clustering)が起こりやすいという問題がある。ハッシュテーブルで，線形探査でバケットが埋められていくと，図9-4（左）のように，連続する埋められたバケットの塊であるクラスタ（cluster）が発生する。このようにデータが埋まることによってできた連続するバケットの塊はプライマリ・クラスタ（primary cluster）と呼ばれる。さらに，クラスタどうしが結合すると，図9-4（右）のように，大きなクラスタが発生する。このようなクラスタの領域にハッシュされた場合，バケットの探索に大きな負荷がかかる。

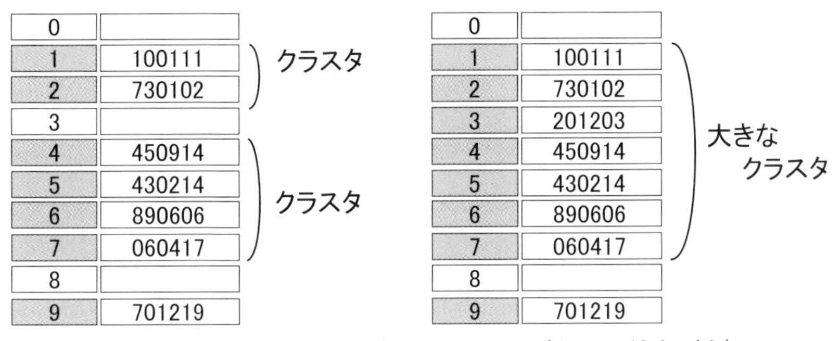


**図9-4　クラスタの例（左）とクラスタどうしの結合（右）**

## 2.2　平方探査

クラスタの発生を回避するために平方探査（quadratic probing）が使われることがある。平方探査では，線形探査と異なり，離れた場所に空きバケットを探す（図9-5）。平方探査の式は以下のように表すことができる。ただし，$m$はハッシュテーブルのバケット数，$i$は再ハッシュの回数，$c_0$と$c_1$は任意の定数である。

$$h(x,\ i)\ =\ (h(x)\ +c_0 i+c_1 i^2)\ mod\ m$$

$c_0=0$, $c_1=1$として，ハッシュテーブルの配列の添字をindexとすると，再ハッシュのたびに，index＋1，index＋4，index＋9，index＋16，index＋25，…のように添字が増加する。つまり，この関数はクラスタが発生しやすい隣接する添字を避け，再ハッシュのたびに，より遠く離れた場所の添字を算出する。

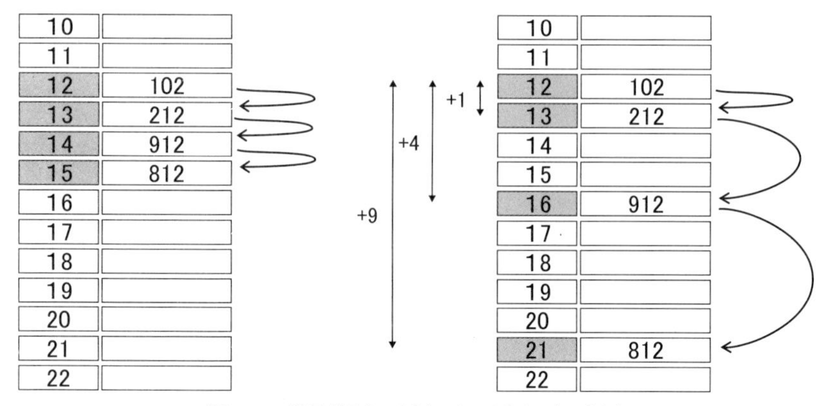


図9-5　線形探査（左）と平方探査（右）

しかし，平方探査のような手法を用いても，同じハッシュ値をもつキーが，同じ間隔のバケットを探査して空きバケットを見つけようとする現象が起きる。これをセカンダリ・クラスタ（secondary cluster）が発生する状態という。（これは，砂浜を歩くときに，誰かが残した足跡の上を再び歩いて行くことに似ている。）

## 2.3　ダブルハッシング

プライマリ・クラスタやセカンダリ・クラスタの発生を防ぐ方法が，ダブルハッシング（double hashing）である。セカンダリ・クラスタの発生は，探査で用いられるバケットの間隔が変化しないために起こる。そこで，ダブルハッシングでは，キーの値によって探査の間隔を変化させる。

ダブルハッシングとは，その名前の通り，2つの（ダブルの）ハッシュ関数を用いる方法であり，以下のようにハッシュ関数を定義できる。ただし，$i$は再ハッシュの回数であり，$m$はハッシュテーブルのバケットの数である。関数$h_1(x)$と関数$h_2(x)$は，副ハッシュ関数（auxiliary hash functions）である。

$$h(x,\ i) = (h_1(x) + i \times h_2(x))\ mod\ m$$

関数$h_2(x)$の制限として，以下のルールがある。

(a) 関数$h_1(x)$と関数$h_2(x)$は同じ関数であってはならない。

(b) 計算される値が0となる関数であってはならない。

(c) すべてのバケットを探査できるようにしなくてはならない。

なお，関数$h_2(x)$としてよく使われるは，以下のような式である。

$$h_2(x) = c_{prime} - (x\ mod\ c_{prime})$$

$$h_2(x) = (x\ mod\ c_{prime}) + 1$$

ただし，$c_{prime}$は，ハッシュテーブルのバケットの大きさよりも小さい素数（prime number）とする。素数とは，1とその数自身以外に正の約数がない，1より大きな自然数のことであり，素数を小さい順にいくつか列挙すると2, 3, 5, 7, 11, 13, 17, 19, 23, 29, 31, 37, 41, 43, 47, 53,…と続く。

図9-6は，バケットの数が11である空のハッシュテーブルへ，4つのデータ，14，16，25，36を順番に挿入する過程を示したものである。ハッシュ値の計算には以下のダブルハッシング関数を使った。

$$h(x,\ i) = (h_1(x) + i \times h_2(x))\ mod\ m$$

そして，関数$h_1(x)$と関数$h_2(x)$は以下のように定義する。

$$h_1(x) = x\ mod\ 11$$

$$h_2(x) = (x\ mod\ 7) + 1$$

最初のデータ14を式へ代入し，$h_1(14)$ の値3が計算される，3のバケットには空きなので，このバケットへデータ14を挿入できる。空き場所の探査は不要なので $h_2(14)$ は計算されない（$i=0$であり，結果0となる）。

$$h(14,\ 0) = (h_1(14)+0\times h_2(14))\ mod\ 11$$
$$= ((14\ mod\ 11)+0\times((14\ mod\ 7)+1))\ mod\ 11$$
$$= (3+0\times 1)\ mod\ 11$$
$$=3$$

同様に2番目のデータ16を式へ代入し，$h_1(16)$ の値5が計算される，5のバケットには空きなので，このバケットへデータ16を挿入できる。

$$h(16,\ 0) = (h_1(16)+0\times h_2(16))\ mod\ 11$$
$$= ((16\ mod\ 11)+0\times((16\ mod\ 7)+1))\ mod\ 11$$
$$= (5+0\times 3)\ mod\ 11$$
$$=5$$

次に，データ25を代入すると，3のバケットには，すでにデータがあるので，別の空き場所を探すため，1回目の探査（$i=1$）が必要となり，以下の計算から，8のバケットにデータ25が挿入される。

$$h(25,\ 1) = (h_1(25)+1\times h_2(25))\ mod\ 11$$
$$= ((25\ mod\ 11)+1\times((25\ mod\ 7)+1))\ mod\ 11$$
$$= (3+1\times 5)\ mod\ 11$$
$$=8$$

次のデータ36を式へ代入すると，この場合も3のバケットには，すでにデータがあるので，別の空き場所を探すため，1回目の探査（$i=1$）が必要となり，以下の計算から，5のバケットにデータを挿入しようとする。

$$h(36,\ 1) = (h_1(36) + 1 \times h_2(36))\ mod\ 11$$
$$= ((36\ mod\ 11) + 1 \times ((36\ mod\ 7) + 1))\ mod\ 11$$
$$= (3 + 1 \times 2)\ mod\ 11$$
$$= 5$$

しかし，5のバケットには，すでに空きがないので，2回目の探査（$i=2$）が必要となり，以下の計算を行う。7のバケットは空いているので，ここにデータ36が挿入される。

$$h(36,\ 2) = (h_1(36) + 2 \times h_2(36))\ mod\ 11$$
$$= ((36\ mod\ 11) + 2 \times ((36\ mod\ 7) + 1))\ mod\ 11$$
$$= (3 + 2 \times 2)\ mod\ 11$$
$$= 7$$

ダブルハッシングでは，独立した2つの関数が使われており，データの値によって，空きバケットの場所を決定する間隔が変化する。ダブルハッシングでは，線形探査や平方探査と異なり，間隔が変化することにより，セカンダリ・クラスタリングが発生しないようにしている。

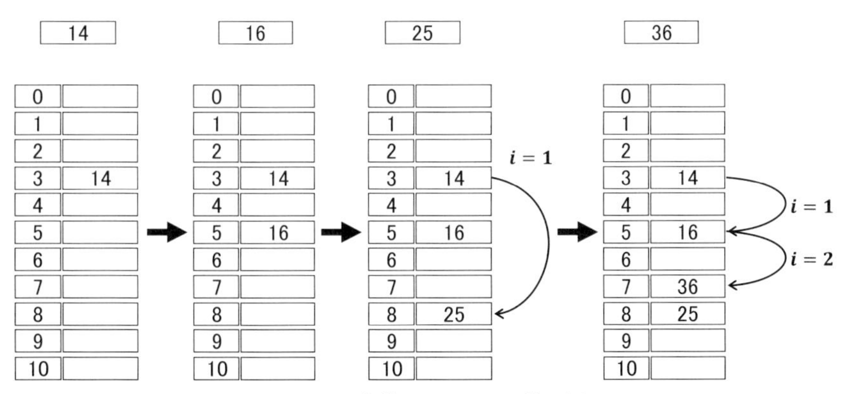


図9-6　ダブルハッシングの例

ダブルハッシングでは，ハッシュテーブルのバケットの大きさに素数を用いることが重要である。キーと配列サイズが除数を共有する場合，同じバケット位置へハッシュされ，クラスタを形成する可能性がある。ハッシュテーブルのバケットの大きさを素数にすれば，この問題を避けることができる。

ハッシュテーブルへのデータの挿入例について述べたが，探索や削除の操作も同様の方法でバケットの探査を行ってから処理を行う。

## 3. オープンアドレス法の実装

ハッシュテーブルの基本的な操作としては，探索，挿入，削除がある。コード9.1は，オープンアドレス法によるハッシュテーブルへの探索，挿入，削除の関数を実装した例である。空いているバケットを探す方法としては，線形探査を利用している。ハッシュテーブルのバケット状態を管理するため，EMPTY（空き），OCCUPIED（占有），DELETED（削除）の情報をテーブルに保存している。

「c9-1.c」

```
/* code: c9-1.c   (v1.18.00) */
#include<stdio.h>
#include<stdlib.h>

#define TABLE_SIZE 10

enum data_status
{ EMPTY, OCCUPIED, DELETED };

struct hash_table_type
{
  int data;
  enum data_status status;
};
typedef struct hash_table_type HASH_TABLE_TYPE;


/* ------------------------------------------- */
int hash_function (int key)
{
  return (key % TABLE_SIZE);
}


/* ------------------------------------------- */
int hash_table_search (int key, HASH_TABLE_TYPE hash_table[])
{
  int i, index, new_index;
```

```
  index = hash_function (key);
  new_index = index;
  for (i = 1; i != TABLE_SIZE - 1; i++) {
    if (hash_table[new_index].status == EMPTY) {
      return -1;
    }
    if (hash_table[new_index].data == key) {
      return new_index;
    }
    new_index = (index + i) % TABLE_SIZE;
  }
  return -1;
}

/* ---------------------------------------- */
void hash_table_insert (int data, HASH_TABLE_TYPE hash_table[])
{
  int i, new_index, index;
  int key = data;

  index = hash_function (key);
  new_index = index;
  for (i = 1; i != TABLE_SIZE - 1; i++) {
    if (hash_table[new_index].status == EMPTY
        || hash_table[new_index].status == DELETED) {
      hash_table[new_index].data = data;
      hash_table[new_index].status = OCCUPIED;
      return;
    }
    if (hash_table[new_index].data == key) {
      return;
    }
    new_index = (index + i) % TABLE_SIZE;
  }
  printf ("ERROR: table size limit exceeded [%d]¥n", TABLE_SIZE);
  exit (-1);
}


/* ---------------------------------------- */
void hash_table_delete (int key, HASH_TABLE_TYPE hash_table[])
{
  int new_index = hash_table_search (key, hash_table);
  if (new_index == -1) {
    printf ("Not found¥n");
  }
  else {
```

```
    hash_table[new_index].status = DELETED;
  }
}


/* ---------------------------------------- */
void hash_table_init (HASH_TABLE_TYPE hash_table[])
{
  int i;
  for (i = 0; i < TABLE_SIZE; i++) {
    hash_table[i].status = EMPTY;
  }
}


/* ---------------------------------------- */
void hash_table_display (HASH_TABLE_TYPE hash_table[])
{
  int i;
  printf ("--- hash table ---¥n");
  for (i = 0; i < TABLE_SIZE; i++) {
    printf ("[%02d]:", i);
    if (hash_table[i].status == OCCUPIED) {
      printf ("[%03d]¥n", hash_table[i].data);
    }
    else if (hash_table[i].status == DELETED) {
      printf ("[deleted]¥n");
    }
    else {
      printf ("[empty]¥n");
    }
  }
  printf ("-----------------¥n¥n");
}




/* ---------------------------------------- */
int main ()
{
  int i, key, data, index;
  HASH_TABLE_TYPE hash_table[TABLE_SIZE];

  hash_table_init (hash_table);

  srand (1);
```

```
  for (i = 0; i < 5; i++) {
    data = rand () % 1000;
    printf ("insert: %d¥n", data);
    hash_table_insert (data, hash_table);
  }

  hash_table_display (hash_table);

  key = data;
  printf ("search [%d] -> ", key);
  index = hash_table_search (key, hash_table);
  if (index == -1) {
    printf ("Not Found¥n");
  }
  else {
    printf ("Found at index:%d¥n", index);
  }

  printf ("delete [%d] ¥n¥n", key);
  hash_table_delete (key, hash_table);

  hash_table_display (hash_table);

  return 0;
}
```

「出力」

```
insert: 383
insert: 886
insert: 777
insert: 915
insert: 793
--- hash table ---
[00]:[empty]
[01]:[empty]
[02]:[empty]
[03]:[383]
[04]:[793]
[05]:[915]
[06]:[886]
[07]:[777]
[08]:[empty]
[09]:[empty]
------------------

search [793] -> Found at index:4
```

```
delete [793]

--- hash table ---
[00]:[empty]
[01]:[empty]
[02]:[empty]
[03]:[383]
[04]:[deleted]
[05]:[915]
[06]:[886]
[07]:[777]
[08]:[empty]
[09]:[empty]
------------------
```

**コード9.1：ハッシュテーブル（オープンアドレス法＋線形探査）**

## 演習問題

（問9.1） ハッシュ法におけるデータ挿入とデータ探索の最良の計算量について答えなさい。

（問9.2） ハッシュテーブルに使われる配列の添字の計算に使われる関数を何というか答えなさい。

（問9.3） ハッシュ法における“衝突”とは何か簡単に説明しなさい。

（問9.4） ハッシュ法の衝突の問題を解決するために使われる代表的な方法を2つ答えなさい。

（問9.5） プライマリ・クラスタについて簡単に説明しなさい。

（問9.6） セカンダリ・クラスタの発生の原因について簡単に説明しなさい。

（問9.7） オープンアドレス法（空き番地法）で，空いているバケットを探す方法として，代表的なものを3つ答えなさい。

（問9.8） コード9.1を変更して，ハッシュテーブルのバケットの大きさを2億にしなさい。malloc関数とfree関数を利用して動的にメモリを確保すること。また，1億件の乱数データを挿入し，1億回のデータ探索を行いなさい。（ただし，32ビットのOSを利用している場合や，メモリが十分に確保できない場合は，バケットの大きさとデータを半分程度にして実験すること。)

(問9.9)　**チャレンジ問題**　コード9.1を変更して，ハッシュテーブルに構造体データを，探索，挿入，削除できるようにしなさい。構造体データは，学生番号（id；int型），平均点（average；float型），名前（name；char配列型）の3つのフィールドを持つものとする。

**解答例**

(解9.1)　最良の場合，計算量がO(1)の高速な挿入や探索ができる。

(解9.2)　ハッシュ関数。データのキーの値はハッシュ関数によって配列の添字に変換される。

(解9.3)　異なるキーの値から，すでに埋まっているバケットへハッシュされることを衝突という。

(解9.4)　オープンアドレス法（空き番地法，開番地法）と連鎖法。オープンアドレス法では，衝突を起こしたデータは，ハッシュテーブル内の別のバケットに置かれる。連鎖法では，ハッシュテーブルが連結リストの配列であり，衝突を起こしたデータは，連結リストに挿入される。(連鎖法については10章で述べる。)

（解9.5）　プライマリ・クラスタは，連続してデータが埋まっているバケット群。

（解9.6）　セカンダリ・クラスタは，同じ値へハッシュされるキーが，同じ間隔で探査されることから発生する。

（解9.7）　空いているバケットを探す方法として，代表的なものには，線形探査（linear probing），平方探査（quadratic probing），ダブルハッシング（double hashing）がある。

（解9.8）　ハッシュテーブル（オープンアドレス法＋線形探査）。一億件ものデータの挿入や探索が高速に行われることに注意。コードはWeb補助教材を参照すること。このコードの実行例について述べると，Intel Core i7-4790K（4.0GHz）で約9.0秒であった。非常に高速である。

「q9-1.c」（コードの一部）

```
#define TABLE_SIZE 200000000

/* ---------------------------------------- */
int main ()
{
  int i, key, data, index, a, b, total;
  HASH_TABLE_TYPE *hash_table;

  hash_table = malloc (sizeof (HASH_TABLE_TYPE) * TABLE_SIZE);

  hash_table_init (hash_table);

  srand (1);
  for (i = 0; i < (TABLE_SIZE / 2); i++) {
    data = rand ();
    hash_table_insert (data, hash_table);
  }
```

```
  a = b = 0;
  srand (2);
  for (i = 0; i < (TABLE_SIZE / 2); i++) {
    key = rand ();
    index = hash_table_search (key, hash_table);
    if (index == -1) {
      b++;                         /* not found */
    }
    else {
      a++;                         /* found */
    }
  }

  total = a + b;
  printf ("table_size: %d¥n", TABLE_SIZE);
  printf ("data:       %d¥n", total);
  printf ("found:      %d (%2.2f%%) ¥n", a,
          ((float) a / (float) total) * 100.0);
  printf ("not_found:  %d (%2.2f%%) ¥n", b,
          ((float) b / (float) total) * 100.0);

  free (hash_table);

  return 0;
}
```

「出力」

```
table_size: 200000000
data:       100000000
found:      4552164 (4.55%)
not_found:  95447836 (95.45%)
```

なお，解9.8の出力結果はシステム（RAND_MAX値）により異なる。乱数範囲，テーブルサイズをシステムに合わせて要調整。

(解9.9)　ハッシュテーブルに構造体データを，探索，挿入，削除する例である。コードはWeb補助教材（q9-2.c）を参考にすること。

# 10 ハッシュテーブルと連鎖法

**《目標とポイント》** ハッシュ法はデータの数に関係なく定数計算量で，データの探索，挿入，削除を行うことができる最速の手法である。本章では，ハッシュ関数，ハッシュ値の衝突について学ぶ。連鎖法の特徴について学習する。また，文字列データからのハッシュ値計算について考える。
**《キーワード》** ハッシュ法，ハッシュ関数，ハッシュ値の衝突，連鎖法，文字列データとハッシュ値

## 1. 連 鎖 法

連鎖法（chaining; れんさほう）は，同じハッシュ値をもつデータを連結リストに挿入していく方法である。図10-1のようなハッシュテーブルへのデータ挿入の例について考える。データは383，886，777，915，793の順番でハッシュテーブルに挿入を行っている。

連鎖法によるハッシュテーブルの構造は，図10-2に示すように，ハッシュテーブルに連結リストへのポインタを使い，連結リストを指し示すハッシュテーブルの配列を作る。この例の場合，383と793から同じハッシュ値3が計算されて衝突を起こす。連鎖法では，衝突を起こしたデータを連結リストのように挿入していく。なお，データ挿入を行う位置は，目的に応じて，連結リストの①先頭位置，②末尾位置，③任意位置（データ値の順に整列など）を選択することができる。図の例では，先頭位置に挿入していため，データ793が先頭で，データ383がその後に続いている。

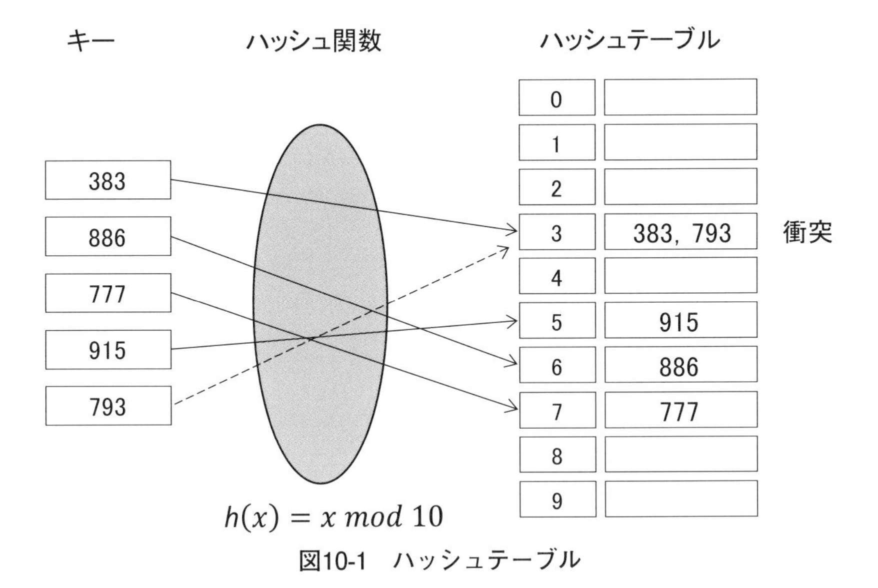


図10-1　ハッシュテーブル

ハッシュ法：　連鎖法(chaining)

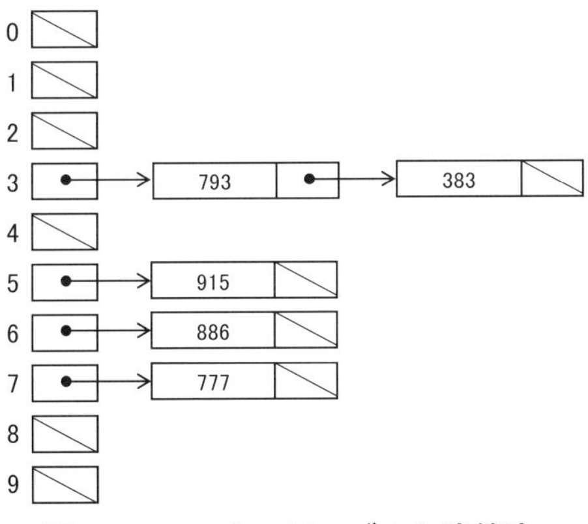


図10-2　ハッシュテーブルと連鎖法

## 2. 探索，挿入，削除

ハッシュテーブルに対する基本的な操作には，データの探索，挿入，削除がある。連鎖法の場合の探索では，探索するデータのハッシュ値を計算する。そして，ハッシュ値に関連したバケットに連結されている連結リストを探索する。これは通常の連結リストの探索と同じなので，連結リストの長さの分だけ比較が必要になり，計算量が大きくなる。つまり，ハッシュ値の衝突が多発し，ハッシュテーブルの連結リストに大量のデータが連結されていると，ハッシュ法の利点であるデータの個数に依存しない一定時間での探索ができなくなる。

ハッシュ値の衝突を避けるためには，衝突が起こりにくいハッシュ関数を選定するなどの工夫が必要となる。ハッシュテーブルのバケットの個数を大きくすれば，衝突が起こる可能性が低くなる。しかし，通常，ハッシュテーブルの実装には配列が使われており，配列のメモリを確保する時にハードウェアに搭載されるメモリ容量やオペレーティングシステムでのメモリ制限などに注意する必要がある。

連鎖法のデータ挿入と削除は，ハッシュ値の算出により対応するバケットを探してから，通常の連結リストによるデータの挿入と削除と同じ操作を行う。ハッシュテーブルに対するデータの探索，挿入，削除という基本操作以外には，ハッシュテーブルに挿入された全てのデータの削除，ハッシュテーブルの占有率計算，ハッシュテーブルの表示などがある。

連鎖法によるデータ挿入の計算量を考える。図10-3のように，ハッシュテーブルに挿入するデータの数を$n$，ハッシュテーブルのバケット数を

$m$とする。各バケットの連結リストへ均等にデータが連結された場合，ハッシュテーブルの連結リストの長さは約$n \div m$となり，データ挿入の計算量は$O(n \div m)$となる。ハッシュ値からバケットを選定する操作は一定であり，この計算量は$O(1)$となる。以上の2つの操作を合わせた計算量は$O(1+(n \div m))$となる。データ数$n$が10,000，バケット数$m$が5,000ならば，$O(1+(10{,}000 \div 5{,}000))=O(2)$となり，ほぼ一定時間の操作になる。それに対して，バケット数$m$を小さな値，例えば5とした場合，計算量は$O(1+(10{,}000 \div 5))=O(1+2{,}000)=O(2{,}001)$となり，連結リストの探索に近づき，計算量$O(n)$の探索になってしまう。つまり，データ数を考慮したバケット数をハッシュテーブルに確保することが重要である。

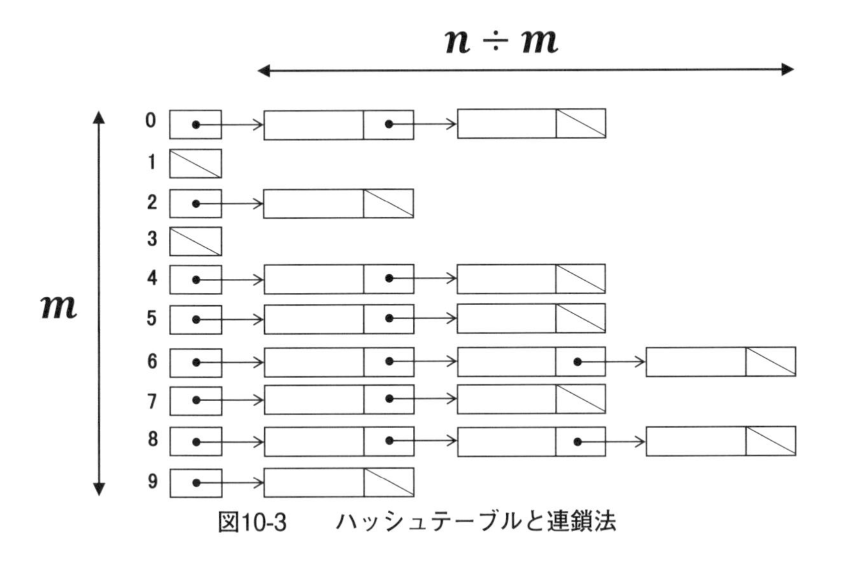

図10-3　ハッシュテーブルと連鎖法

## 3. 連鎖法の実装

コード10.1は，連鎖法を用いたハッシュテーブルの例である。探索，挿入，表示などを行う関数が含まれている。このコードでは，挿入しようとしているデータと同値のデータが，すでにハッシュテーブルに挿入されている場合は，ハッシュテーブルの変更は行わない。このコードでは，挿入するデータ（data）とハッシュ値を求めるキー（key）の値は同じになっている。しかし，実際に使われる多くのソフトウェアでは，データとキーの値は異なっている場合が多い。複数のデータ型が含まれるようなレコード形式（構造体で表されるようなデータ）になっているデータベースでは，キーは複数のデータを組み合わせて作られることも多い。例えば，住所録のデータベースであれば，電話番号と郵便番号などを組み合わせるなどして，よりユニークなハッシュ値が計算されるようなキーにする。ハッシュテーブルは，キーとデータの組（あるいは，キーと値の組）を格納する構造であり，キーに対応するデータを高速に参照するためのデータ構造と考えることもできる。

「c10-1.c」

```
/* code: c10-1.c   (v1.18.00) */
#include <stdio.h>
#include <stdlib.h>
#include <string.h>

#define HASH_TABLE_ERROR (-1)
#define DATA_SIZE 10
#define HASH_TABLE_SIZE 10

struct hash_node_type
{
  int data;
  int key;
  struct hash_node_type *next;
```

```
};
typedef struct hash_node_type HASH_NODE;


struct hash_table_type
{
  struct hash_node_type **bucket;
  int size;
  int num;
};
typedef struct hash_table_type HASH_TABLE;

/* ------------------------------------------ */
int hash_function (HASH_TABLE * table, int key)
{
  return key % table->size;
}

/* ------------------------------------------ */
void hash_table_init (HASH_TABLE * table, int table_size)
{
  table->num = 0;
  table->size = table_size;
  table->bucket = calloc (table->size, sizeof (HASH_NODE *)) ;
}

/* ------------------------------------------ */
int hash_table_search (HASH_TABLE * table, int key)
{
  int h;
  HASH_NODE *node;

  h = hash_function (table, key) ;
  for (node = table->bucket[h]; node != NULL; node = node->next) {
    if (node->key == key) {
      break;
    }
  }

  if (node) {
    return node->data;
  }
  else {
    return HASH_TABLE_ERROR;
  }
}
```

```
/* ----------------------------------------- */
int hash_table_insert (HASH_TABLE * table, int key, int data)
{
  int tmp;
  HASH_NODE *node;
  int h;

  if ((tmp = hash_table_search (table, key))
!= HASH_TABLE_ERROR) {
    return (tmp);
  }

  h = hash_function (table, key);
  node = malloc (sizeof (HASH_NODE));
  node->data = data;
  node->key = key;
  node->next = table->bucket[h];
  table->bucket[h] = node;
  table->num++;

  return HASH_TABLE_ERROR;
}

/* ----------------------------------------- */
int hash_table_delete (HASH_TABLE * table, int key)
{
  HASH_NODE *node, *node_temp;
  int data;
  int h;

  h = hash_function (table, key);
  for (node = table->bucket[h]; node; node = node->next) {
    if (node->key == key)
      break;
  }

  if (node == NULL)
    return HASH_TABLE_ERROR;

  if (node == table->bucket[h]) {
    table->bucket[h] = node->next;
  }
  else {
    for (node_temp = table->bucket[h];
node_temp && node_temp->next;
         node_temp = node_temp->next) {
      if (node_temp->next == node)
```

```
      break;
    }
    node_temp->next = node->next;
  }
  data = node->data;
  free (node);
  return (data);
}

/* ---------------------------------------- */
void hash_table_free (HASH_TABLE * table)
{
  HASH_NODE *node, *node_temp;
  int i;

  for (i = 0; i < table->size; i++) {
    node = table->bucket[i];
    while (node != NULL) {
      node_temp = node;
      node = node->next;
      free (node_temp);
    }
  }

  if (table->bucket != NULL) {
    free (table->bucket);
    memset (table, 0, sizeof (HASH_TABLE));
  }
}

/* ---------------------------------------- */
void hash_table_display (HASH_TABLE * table)
{
  HASH_NODE *node;
  int i;
  printf ("----------------------¥n");
  for (i = 0; i < table->size; i++) {
    printf ("%02d: ", i);
    node = table->bucket[i];
    while (node != NULL) {
      printf ("%2d ", node->data);
      node = node->next;
    }
    printf ("¥n");
  }
  printf ("----------------------¥n");
}
```

```
/* ------------------------------------------ */
void hash_table_info (HASH_TABLE * table)
{
  printf ("--- hash table info ---¥n");
  printf ("buckets: %d ¥n", table->size);
  printf ("num: %d ¥n", table->num);
  printf ("----------------------¥n");
}

/* ------------------------------------------ */
int main ()
{
  int i, data;
  HASH_TABLE *table;
  int key[DATA_SIZE];

  table = malloc (sizeof (HASH_TABLE));
  hash_table_init (table, HASH_TABLE_SIZE);

  for (i = 0; i < DATA_SIZE; i++) {
    data = rand () % (DATA_SIZE * 100);
    key[i] = data;
    printf (" (insert) data:%d  key:%d¥n", data, key[i]);
    hash_table_insert (table, key[i], data);
  }

  hash_table_info (table);
  hash_table_display (table);

  printf ("[search] key:%d -> data:%d¥n", key[0],
          hash_table_search (table, key[0])) ;
  printf ("[search] key:%d -> data:%d¥n", key[1],
          hash_table_search (table, key[1])) ;
  printf ("[search] key:%d -> data:%d¥n", key[2],
          hash_table_search (table, key[2])) ;

  hash_table_free (table);

  free (table);

  return 0;
}
```

「出力」

```
(insert) data:383   key:383
```

```
(insert) data:886   key:886
(insert) data:777   key:777
(insert) data:915   key:915
(insert) data:793   key:793
(insert) data:335   key:335
(insert) data:386   key:386
(insert) data:492   key:492
(insert) data:649   key:649
(insert) data:421   key:421
--- hash table info ---
buckets: 10
num: 10
------------------------
------------------------
00:
01: 421
02: 492
03: 793 383
04:
05: 335 915
06: 386 886
07: 777
08:
09: 649
------------------------
[search] key:383 -> data:383
[search] key:886 -> data:886
[search] key:777 -> data:777
```

**コード10.1：ハッシュテーブル（連鎖法）**

通常，連鎖法ではデータ挿入で衝突したデータは連結リストを利用して蓄えられていくが，連結リストの代わりに平衡木やバイナリサーチツリー（二分探索木）を利用している実装も存在する。連結リストの場合は，挿入・削除・探索における最悪の計算量が$O(n)$となるが，平衡木を利用すれば$O(\log n)$にできる。特定のハッシュ値が大量に発生して，一部のバケットにデータが集中するような場合は有効であるが，平衡木のためのメモリが必要になったり，構造が複雑になったりする問題がある。

# 4. 文字列データとハッシュ値

前節は，数値によるキーからハッシュ値を計算する例であったが，文字列をキーとしてハッシュ値を計算することもできる。コード10.2は，ブライアン・カーニハン博士（Brian W. Kernighan）とデニス・リッチー博士（Dennis M. Ritchie）の本（The C Programming Language[†1]）に登場する有名な文字列からのハッシュ値計算方法のコードである。文字列から文字を1個ずつ取り出し，文字のアスキーコード[†2]を加算した合計を求めるものである。例えば，小文字の“a”は97である。“alpha”は97+108+112+104+97で，518となる。文字列からハッシュ値を求めるアルゴリズムは様々なものがある。（問10.4）を参照。

「c10-2.c」

```
/* code: c10-2.c   (v1.18.00) */
#include <stdio.h>

/* ------------------------------------------ */
long int hash_kr (char *str)
{
  long int hash;
  int c;

  hash = 0;
  while ((c = *str++)) {
    hash += c;
  }
  return hash;
}

/* ------------------------------------------ */
int main ()
{
  int i;
```

†1：プログラミング言語C（第2版）ANSI規格準拠，B.W. カーニハン，D.M. リッチー，石田 晴久（翻訳），共立出版，1989，ISBN-10 4320026926

†2：ASCII（American Standard Code for Information Interchange）文字コードの1つである。7ビットの整数（0～127）で表現され，ローマ字，数字，記号，制御文字など128文字を収録している。

```
  char *key[] = {
    "alpha", "bravo", "charlie", "delta",
    "echo", "foxtrot", "golf", "hotel",
    "india", "juliet", "kilo", "lima",
    "mike", "november", "oscar", "papa",
    "quebec", "romeo", "sierra", "tango",
    "uniform", "victor", "whisky", "x-ray",
    "yankee", "zulu"
  };

  for (i = 0; i < 26; i++) {
    printf ("%8s: %ld¥n", key[i], hash_kr (key[i]));
  }
  return 0;
}
```

「出力」

```
   alpha: 518
   bravo: 538
 charlie: 728
   delta: 522
    echo: 415
 foxtrot: 790
    golf: 424
   hotel: 540
   india: 517
  juliet: 653
    kilo: 431
    lima: 419
    mike: 422
november: 862
   oscar: 536
    papa: 418
  quebec: 629
   romeo: 546
  sierra: 646
   tango: 537
 uniform: 768
  victor: 663
  whisky: 671
   x-ray: 497
  yankee: 637
    zulu: 464
```

**コード10.2：文字列からのハッシュ値計算（KR；Kernighan& Ritchie）**

## 演習問題

（問10.1） ハッシュ値が特定の値に偏らないためには，バケットの数を素数にするのが良いことが知られている。素数を求めるコードを作成しなさい。素数とは「1と自分自身以外に約数を持たない数」である。

（問10.2） コード10.1を変更し，データを削除する関数のコードを作成しなさい。また，挿入するデータ（data）とハッシュ値を求めるキー（key）の値を異なるものに変更して表示すること。ハッシュテーブルの大きさは13に変更すること。

（問10.3） コード10.1を変更し，100万個の乱数データの挿入を試みるコードに変更しなさい。ハッシュテーブルのバケットの大きさを，150万，100万，10万に変更し，実行にかかる時間を比較すること。（なお，生成する乱数は重複があっても良い。例えば，挿入しようとしているデータと同値のデータが，すでにハッシュテーブルに挿入されている場合は，ハッシュテーブルの変更はしなくてよい。また，ハッシュテーブル内のデータ表示は行わなくてよい。）

（問10.4） 文字列からハッシュ値を求めるアルゴリズムには様々なものがある。以下の関数コードは，ダニエル・バーンスタイン博士が考案したハッシュ関数（djb）を実装したものである。これは良好なハッシュ値を得られることで知られている。これをコード10.2に追加し，ハッシュ値を計算するコードを作成しなさい。

```
long int hash_djb (char *str)
{
  long int hash;
  int c;
  hash = 5381;
  while ((c = *str++)) {
    hash = ((hash << 5) + hash) + c;
  }
  return hash;
}
```

（問10.5）　**チャレンジ問題**　コード10.1では，データは整数，ハッシュ値を求めるキーも整数である。ハッシュ値を求めるキーを文字列型にしたコード例を考えなさい。

（問10.6）　**チャレンジ問題**　ハッシュテーブルは有用であることから，様々なライブラリが多数存在する。プログラミング言語によっては標準的なライブラリの一部として用意されている。どのようなものがあるのか調査しなさい。

**解答例**

（解10.1）　素数を求めるコードの例。

「q10-1.c」

```
/* code: q10-1.c   (v1.18.00) */
#include <stdio.h>
```

```
/* ---------------------------------------- */
int is_prime (int number)
{
  int i, prime;

  prime = 1;
  if (number < 2)
    return 0;
  for (i = 2; i < number; i++) {
    if ((number % i) == 0) {
      prime = 0;
    }
  }
  return prime;
}

/* ---------------------------------------- */
int main ()
{
  int i, prime;

  for (i = 0; i < 100; i++) {
    prime = is_prime (i);

    if (prime == 1) {
      printf ("%d ", i);
    }
  }

  return 0;
}
```

「出力」

```
2 3 5 7 11 13 17 19 23 29 31 37 41 43 47 53 59 61 67 71 73 79 83
89 97
```

（解10.2）　データ削除を行う関数の例（連鎖法）

「q10-2.c」（コードの一部）

```
/* ---------------------------------------- */
int hash_table_delete (HASH_TABLE * table, int key)
{
```

```
  HASH_NODE *node, *node_temp;
  int data;
  int h;

  h = hash_function (table, key);
  for (node = table->bucket[h]; node; node = node->next) {
    if (node->key == key)
      break;
  }

  if (node == NULL)
    return HASH_TABLE_ERROR;

  if (node == table->bucket[h]) {
    table->bucket[h] = node->next;
  }
  else {
    for (node_temp = table->bucket[h];
node_temp && node_temp->next;
         node_temp = node_temp->next) {
      if (node_temp->next == node)
        break;
    }
    node_temp->next = node->next;
  }
  data = node->data;
  free (node);
  return (data);
}
```

「出力」

```
num: 10
-----------------------
-----------------------
00: 14 (793)
01:
02: 11 (886)
03:
04:
05: 19 (421) 13 (915)
06: 10 (383)
07:
08:
09: 16 (386)
10: 15 (335) 12 (777)
```

```
11: 17 (492)
12: 18 (649)
------------------------
[search] key:383 -> data:10
[search] key:886 -> data:11
[search] key:777 -> data:12
------------------------
00:
01:
02:
03:
04:
05: 19 (421)
06:
07:
08:
09: 16 (386)
10: 15 (335)
11: 17 (492)
12: 18 (649)
------------------------
```

(解10.3)　データ数を100万個として，ハッシュテーブルのバケットの大きさを変更すると，Intel Core i7-4790K CPU@4.00GHzでは，それぞれ以下のようになった。なお，プログラム全体の時間なので，ハッシュテーブルの構築や破棄に関わるmallocやfreeなどの関数の処理時間も含まれている。バケット数10万では，大量の衝突が起きている。

- ✓　バケット数150万：0.219秒
- ✓　バケット数100万：0.222秒
- ✓　バケット数10万　：3.117秒

「q10-3.c」(コードの一部)

```
#define DATA_SIZE        1000000
#define HASH_TABLE_SIZE 1500000
// #define HASH_TABLE_SIZE 1000000
```

```
// #define HASH_TABLE_SIZE 10000

/* ---------------------------------------- */
int main ()
{
  int i, data;
  HASH_TABLE *table;
  int key[DATA_SIZE];

  table = malloc (sizeof (HASH_TABLE));
  hash_table_init (table, HASH_TABLE_SIZE);

  for (i = 0; i < DATA_SIZE; i++) {
    key[i] = rand () % (DATA_SIZE * 100);
    data = i + 10;
    hash_table_insert (table, key[i], data);
  }

  hash_table_info (table);

  hash_table_free (table);

  free (table);

  return 0;
}
```

「出力」

```
--- hash table info ---
buckets: 1500000
num: 994940
------------------------
```

(解10.4)　文字列からハッシュ値（djb）を求める例。関数の戻値は計算されるハッシュ値の桁数を考慮してlong型としている。unsigned longなども使用される。計算された値はハッシュテーブルのバケットの大きさに対してモジュロ演算を行って利用する。

「q10-4.c」（コードの一部）

```
/* ---------------------------------------------- */
int main ()
{
  int i;
  char *key[] = {
    "alpha", "bravo", "charlie", "delta",
    "echo", "foxtrot", "golf", "hotel",
    "india", "juliet", "kilo", "lima",
    "mike", "november", "oscar", "papa",
    "quebec", "romeo", "sierra", "tango",
    "uniform", "victor", "whisky", "x-ray",
    "yankee", "zulu"
  };

  for (i = 0; i < 26; i++) {
    printf ("%8s: %ld¥n", key[i], hash_djb (key[i]));
  }
  return 0;
}
```

「出力」

```
   alpha: 210706590763
   bravo: 210707976447
 charlie: 229461886321373
   delta: 210709893007
    echo: 6385181892
 foxtrot: 229466062027835
    golf: 6385266957
   hotel: 210715004289
   india: 210716136970
  juliet: 6953680244594
    kilo: 6385404180
    lima: 6385440136
    mike: 6385476011
november: 7572720898208547
   oscar: 210723430845
    papa: 6385575271
  quebec: 6953953933146
   romeo: 210726855879
  sierra: 6954017990731
   tango: 210728725758
 uniform: 229485376616869
  victor: 6954135327132
```

```
 whisky: 6954173491012
  x-ray: 210731604886
 yankee: 6954243631106
   zulu: 6385956309
```

（解10.5）　Web補助教材を参照すること。（q10-5.c）

（解10.6）　例としては，Linux等の環境であれば，GNU C libraryでハッシュテーブルの関数（hcreate, hdestroy, hsearch）を利用することができる。プログラミング言語C++のSTL（Standard Template Library）では，unordered_set, unordered_mapが利用できる。こういったライブラリを利用すれば，ハッシュテーブルの実装をすべて自分で行う必要はあまりなく，むしろ，ハッシュ関数やハッシュテーブルのバケットの大きさを問題に合わせてどのように設定するのかが重要になる。

# 11 再　帰

《目標とポイント》 再帰プログラムは自分自身を繰り返し呼び出し，そのたびに異なる引数を渡していく。本章では，再帰の仕組みと様々な再帰コードの例について学ぶ。また，再帰とスタックの関係，末尾再帰について学習する。
《キーワード》 再帰，再帰呼び出し，再帰とスタック，階乗，フィボナッチ数，GCD，フラクタル図形，末尾再帰，反復

## 1. 再　帰

再帰呼び出し（recursion call）とは，プログラミング言語の関数や手続きなどが，自分自身を呼び出し実行することをいう。アルゴリズムの中には，再帰的にコードを記述することによって効果的な処理をできるものがある。

### 1.1　階乗（factorial）の例

再帰の例として，しばしば用いられるのが階乗（factorial;かいじょう）の計算である。階乗は1から$n$までの自然数の総乗である。階乗は$n!$で表され，以下の式で定義される。なお，$0!=1$と定義されている。

$$n!=\prod_{k=1}^{n}k=n\times(n-1)\times(n-2)\times\cdots\times3\times2\times1$$

階乗の計算例を以下に示す。$n$の値が大きくなるにしたがって急激に数が増加する。

$$1!=1$$
$$2!=2\times 1=2$$
$$3!=3\times 2\times 1=6$$
$$4!=4\times 3\times 2\times 1=24$$
$$\vdots$$
$$10!=10\times 9\times 8\times 7\times 6\times 5\times 4\times 3\times 2\times 1=3{,}628{,}800$$

コード11.1は，この階乗の計算を行う例である。コードでは，main関数の中から，factorialという関数が引数5を与えられて呼び出されている。factorialという関数の記述の中には，factorialを$n-1$という引数を呼び出すようになっている。この再帰関数は，$n$が0となったとき1を返し，その時点で，factorialを呼び出すのをやめる。そして，制御がmain関数へ戻っていく。なお，コード11.1の関数の例では，負の整数を引数に設定すると，エラー（segmentation fault等）となるので注意すること。

[ c11-1.c ]

```
/* code: c11-1.c   (v1.18.00) */
#include <stdio.h>

/* ---------------------------------------- */
int factorial (int n)
{
  int v;

  if (n == 0)
    return 1;

  v = n * factorial (n - 1);

  return v;
```

```
}

/* ---------------------------------------- */
int main ()
{
  int i;

  i = 5;
  printf ("factorial(%d) = %d¥n", i, factorial (i)) ;

  return 0;
}
```

[出力]

```
factorial(5) = 120
```

**コード11.1：再帰関数による階乗の計算**

コード11.2は，コード11.1に変数の値を出力するように変更したコードである。また，再帰の深さによって出力のインデントを変えている。インデントが小さいほど再帰が深い。この出力ではfactorial(0)で最も再帰が深くなっている。

[ c11-2.c ]

```
/* code: c11-2.c   (v1.18.00) */
#include <stdio.h>

/* ---------------------------------------- */
int factorial (int n)
{
  int i, v;

  for (i = 0; i < n; i++)
    printf (" ");
  printf ("Called 'factorial(%d)' ¥n", n);

  if (n == 0)
    return 1;
```

```
  v = n * factorial (n - 1);

  for (i = 0; i < n; i++)
    printf (" ");
  printf ("Returning 'factorial(%d)=%d' ¥n", n, v);
  return v;
}

/* ------------------------------------------ */
int main ()
{
  int i;

  i = 5;
  printf ("Factorial of %d is %d¥n", i, factorial (i));

  return 0;
}
```

[出力]

```
     Called 'factorial(5)'
    Called 'factorial(4)'
   Called 'factorial(3)'
  Called 'factorial(2)'
 Called 'factorial(1)'
Called 'factorial(0)'
 Returning 'factorial(1)=1'
  Returning 'factorial(2)=2'
   Returning 'factorial(3)=6'
    Returning 'factorial(4)=24'
     Returning 'factorial(5)=120'
Factorial of 5 is 120
```

**コード11.2：再帰関数による階乗の計算と出力**

図11-1は，コード11.1の実行の様子を示したものであり，再帰計算の2つの段階を観察することができる。ひとつは，ワインディング（winding）と呼ばれる状態で，再帰呼び出しによって別の再帰呼び出しが続く。このワインディングの状態は，再帰呼び出しが終了条件（terminating condition）に達した時に終わり，その時から，アンワインディング（unwinding）状態に変化する。この状態では，再帰呼び出しが次々に終了し，呼び出し元となっていた再帰呼び出しの関数に制御が戻っていく。そして，最終的には，最初に使われた再帰呼び出しまで戻り，再帰が終了する。終了条件では，新たな再帰呼び出しは行わず，再帰が戻る状態を定義されている。

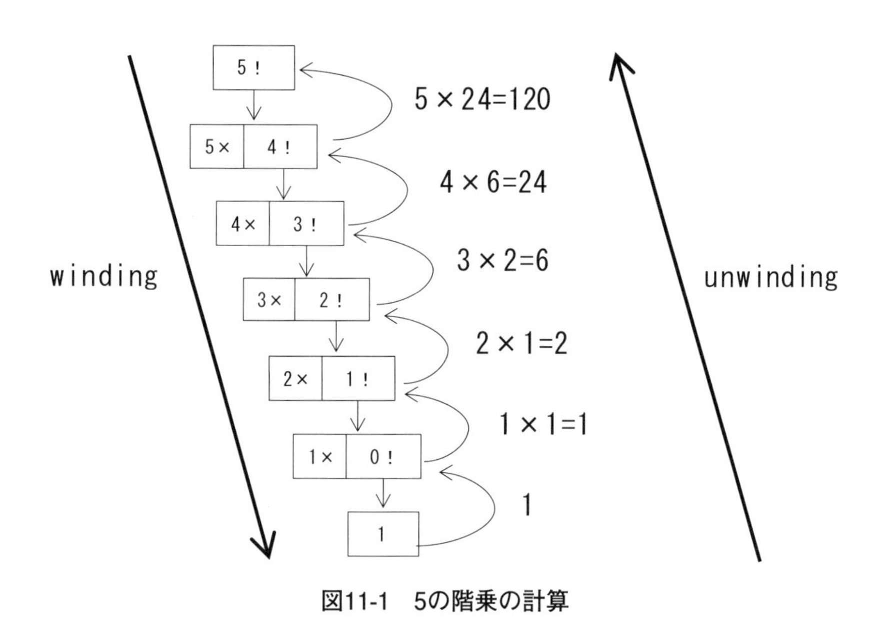


図11-1　5の階乗の計算

## 1.2　フィボナッチ数（Fibonacci number）の例

フィボナッチ数（Fibonacci number）は以下の式で定義される。ただし，$n$は0以上で，この式は2つの初期条件をもつ漸化式である。

$$f_0=0$$

$$f_1=1$$

$$f_{n+2}=f_n+f_{n+1}$$

この式から計算される数列は，フィボナッチ数列（Fibonacci sequence）と呼ばれる。最初の10個の数列を列挙すると，0, 1, 1, 2, 3, 5, 8, 13, 21, 34となる。

[ c11-3.c ]

```
/* code: c11-3.c   (v1.18.00) */
#include <stdio.h>

/* ------------------------------------------ */
int fibonacci (int n)
{
  int v;
  if (n == 0)
    return 0;

  if (n == 1)
    return 1;

  v = fibonacci (n - 1) + fibonacci (n - 2);
  return v;
}

/* ------------------------------------------ */
int main ()
{
  int i;
  i = 5;

  printf ("Fibonacci(%d) = %d¥n", i, fibonacci (i));

  return 0;
}
```

[出力]

```
Fibonacci(5) = 5
```

**コード11.3：再帰関数によるフィボナッチ数の計算**

コード11.4は，コード11.3に変数の値を出力するように変更したコードである。また，再帰の深さによって出力のインデントを変えている。インデントが小さいほど再帰が深い。この出力ではfibonacci(0)で最も再帰が深くなり，そのような場所が数か所ある。関数fibonacciが関数内で2か所から呼ばれていることに注意したい。なお，関数fibonacciでは，同じ値の計算が何度も行われては廃棄されており，効率が良くないことがわかる。そして，コード11.2の階乗の例に比べて出力が多い。例えば，fibonacci(5)では，24行の出力になるが，fibonacci(30)では，4,038,806行にもなる。fibonacci(30)では出力に時間がかかる。(ただし，画面への出力に関するprintf関数の時間が大半を占めている。)

[ c11-4.c ]

```
/* code: c11-4.c   (v1.18.00) */
#include <stdio.h>

/* ------------------------------------------ */
int fibonacci (int n)
{
  int i, v;

  for (i = 0; i < n; i++)
    printf (" ") ;
  printf ("Called 'fibonacci(%d)' ¥n", n);

  if (n == 0)
    return 0;

  if (n == 1)
    return 1;

  v = fibonacci (n - 1) + fibonacci (n - 2);

  for (i = 0; i < n; i++)
    printf (" ");
  printf ("Returning 'fibonacci(%d)=%d' ¥n", n, v);
  return v;
}

/* ------------------------------------------ */
```

```
int main ()
{
  int i;
  i = 5;
  printf ("Fibonacci(%d) = %d¥n", i, fibonacci (i));

  return 0;
}
```

[出力]

```
     Called 'fibonacci(5)'
    Called 'fibonacci(4)'
   Called 'fibonacci(3)'
  Called 'fibonacci(2)'
 Called 'fibonacci(1)'
Called 'fibonacci(0)'
  Returning 'fibonacci(2)=1'
 Called 'fibonacci(1)'
   Returning 'fibonacci(3)=2'
  Called 'fibonacci(2)'
 Called 'fibonacci(1)'
Called 'fibonacci(0)'
  Returning 'fibonacci(2)=1'
    Returning 'fibonacci(4)=3'
   Called 'fibonacci(3)'
  Called 'fibonacci(2)'
 Called 'fibonacci(1)'
Called 'fibonacci(0)'
  Returning 'fibonacci(2)=1'
 Called 'fibonacci(1)'
   Returning 'fibonacci(3)=2'
     Returning 'fibonacci(5)=5'
Fibonacci(5) = 5
```

**コード11.4：再帰関数によるフィボナッチ数の計算**

### 1.3　GCDの計算の例

2つ以上の正の整数に共通な約数（公約数）のうち最大のものは，最大公約数（greatest common divisor；GCD）と呼ばれる。最大公約数を求めるコードも再帰の例として有名である。最大公約数の例を考えると，例えば，12と18の公約数は，1，2，3，6 であり，6が最大公約数となる。コード11.5は，再帰関数による最大公約数の計算である。この例では，再帰関数に2つの引数があり，最大公約数を求めたい2つの整数を引数に設定する。コード11.6はコード11.5に変数の値の出力を加えたコードである。

[ c11-5.c ]

```
/* code: c11-5.c   (v1.18.00) */
#include <stdio.h>

/* ------------------------------------------ */
int gcd (int x, int y)
{
  int v;

  if (y == 0)
    return x;

  v = gcd (y, (x % y));

  return v;
}

/* ------------------------------------------ */
int main ()
{
  int a, b;

  a = 12;
  b = 18;
  printf ("GCD(%d, %d) = %d¥n", a, b, gcd (a, b));

  return 0;
}
```

[出力]

```
GCD(12, 18) = 6
```

**コード11.5：再帰関数による最大公約数の計算**

[ c11-6.c ]

```
/* code: c11-6.c   (v1.18.00) */
#include <stdio.h>

/* ------------------------------------------ */
int gcd (int x, int y)
{
  int v;

  printf ("Called 'gcd (%d,%d)' ¥n", x, y);

  if (y == 0)
    return x;

  v = gcd (y, (x % y));

  printf ("Returning 'gcd(%d,%d)=%d' ¥n", x, y, v);

  return v;
}

/* ------------------------------------------ */
int main ()
{
  int a, b;

  a = 12;
  b = 18;
  printf ("GCD(%d, %d) = %d¥n", a, b, gcd (a, b));

  return 0;
}
```

[出力]

```
Called 'gcd(12,18)'
Called 'gcd(18,12)'
Called 'gcd(12,6)'
Called 'gcd(6,0)'
Returning 'gcd(12,6)=6'
Returning 'gcd(18,12)=6'
Returning 'gcd(12,18)=6'
GCD(12, 18) = 6
```

**コード11.6：再帰関数による最大公約数の計算と出力**

### 1.4 フラクタル図形の例

再帰が利用される例として，コンピュータグラフィックスによるフラクタル図形がある。フラクタル図形では，図形の‘部分’と‘全体’が自己相似になっているため，この関係を再帰コードとして記述しやすい。

シェルピンスキーの三角形（シェルピンスキーのギャスケット；Sierpinski gasket）はフラクタル図形であり，自己相似的な三角形からなる図形である。数学者ヴァツワフ・シェルピンスキー（Wacław Sierpiński）にちなんで名づけられた。この図形の作成のステップは以下のようになる。

① 1辺の長さが1の正三角形の各辺の中点を結ぶと，中心部に1辺の長さが 1/2 の正三角形ができる。
② 中心部の1辺の長さが 1/2 の正三角形を取り除く。
③ 1辺の長さが 1/2 の正三角形が3個残る。

残った正三角形に対して同様の処理を繰り返す。図11-2は，シェルピンスキーの三角形の例である。

図11-2 シェルピンスキーの三角形

## 2. 再帰とスタック

### 2.1 再帰とスタックの関係

一般的にコンパイラはスタックを利用して，再帰を実現している。（ただし，コンパイラの最適化によって繰り返し処理に変換され，スタックは利用しない場合もある。）再帰関数が呼び出されるときは，関数に渡す引数と関数が終了したときの実行開始のメモリ番地が，スタックにプッシュされ，それらの値が保存されてから，関数の実行が行われる。関数が終了するときは，スタックから保存されていた値がポップされ，これらの値を利用してコンピュータの制御が戻り番地に帰る。

再帰コードは，それと同等のスタックを用いたコードに変換することが可能である。初期の古いコンパイラ技術では，再帰コードの最適化が不十分であったことから，再帰コードは，場合によっては速度の低下や大量のメモリを使用する等の問題があった。そのため，再帰を使うのを避けて，プログラマが明示的にスタックを用意して，再帰コードと同等のコードに直すなどの工夫を行うことも多かった。しかし，現代のコンパイラの最適化技術では，再帰コードも効率の良い実行コードに変換されるようになっている。

## 2.2　バイナリサーチツリーの例

コード11.7はバイナリサーチツリーの通りがけ順走査（inorder traversal）を行うコードの一部である。6章では，バイナリサーチツリーの再帰を利用した通りがけ順走査について学習した。再帰コードは，それと同等のスタックを用いたコードに変換することが可能であり，コード11.7はスタックを利用した実装である。一般的に再帰コードと比べて，スタックを利用したコードは長くなる。また，スタックのプッシュ，ポップ，初期化，空かどうかの判定，などの補助的なコードの実装も必要になる。

[ c11-7.c ]

```
/* code: c11-7.c   (v1.18.00) */
#include <stdio.h>
#include <stdlib.h>

struct Node
{
  int data;
  struct Node *left;
  struct Node *right;
};
typedef struct Node NODE_TYPE;

struct Stack
{
  struct Node *t;
  struct Stack *next;
};
typedef struct Stack STACK_TYPE;

/* ------------------------------------------ */
void push (STACK_TYPE ** stack, NODE_TYPE * t)
{
  STACK_TYPE *newnode;

  newnode = malloc (sizeof (STACK_TYPE));
  if (newnode == NULL) {
    printf ("ERROR: stack overflow ¥n");
    exit (-1);
  }
  newnode->t = t;
  newnode->next = *stack;
  *stack = newnode;
}

/* ------------------------------------------ */
int is_stack_empty (STACK_TYPE * top)
{
  return (top == NULL) ? 1 : 0;
}

/* ------------------------------------------ */
NODE_TYPE *pop (STACK_TYPE ** stack)
{
  NODE_TYPE *node;
  STACK_TYPE *top;

  if (is_stack_empty (*stack)) {
    printf ("ERROR: stack underflow ¥n");
    exit (-1);
  }
  else {
```

```
    top = *stack;
    node = top->t;
    *stack = top->next;
    free (top);
    return node;
  }
}

/* ---------------------------------------- */
void inorder_recursion (NODE_TYPE * node)
{
  if (node != NULL) {
    inorder_recursion (node->left);
    printf ("%d ", node->data);
    inorder_recursion (node->right);
  }
}

/* ---------------------------------------- */
void inorder_stack (NODE_TYPE * root)
{
  int flag;
  STACK_TYPE *stack;
  NODE_TYPE *node;

  node = root;
  stack = NULL;
  flag = 0;
  while (!flag) {
    if (node != NULL) {
      push (&stack, node);
      node = node->left;
    }
    else {
      if (!is_stack_empty (stack)) {
        node = pop (&stack);
        printf ("%d ", node->data);
        node = node->right;
      }
      else {
        flag = 1;
      }
    }
  }
}

/* ---------------------------------------- */
void tree_display (NODE_TYPE * node, int level)
{
  int i;

  if (node != NULL) {
```

```
    tree_display (node->right, level + 1);
    printf ("¥n");
    for (i = 0; i < level; i++) {
      printf ("__");
    }
    printf ("%d", node->data);
    tree_display (node->left, level + 1);
  }
}

/* ---------------------------------------- */
NODE_TYPE *tree_insert (NODE_TYPE * node, int data)
{
  if (node == NULL) {
    if (NULL == (node = malloc (sizeof (NODE_TYPE)))) {
      printf ("¥nERROR: Can not allocate memory");
      exit (-1);
    }
    node->left = NULL;
    node->right = NULL;
    node->data = data;
  }
  else {
    if (data < node->data) {
      node->left = tree_insert (node->left, data);
    }
    else if (data > node->data) {
      node->right = tree_insert (node->right, data);
    }
  }
  return node;
}

/* ---------------------------------------- */
int main ()
{
  NODE_TYPE *root;
  int i;
  int data[] = { 40, 30, 70, 10, 60, 90, 20, 80 };
  root = NULL;

  for (i = 0; i < 8; i++) {
    printf ("%2d ", data[i]);
    root = tree_insert (root, data[i]);
  }
  printf ("¥n¥n");
  printf ("*** binary search tree ***¥n");
```

```
  tree_display (root, 0);

  printf ("¥n¥n*** inorder traversal (recursion) ***¥n");
  inorder_recursion (root);

  printf ("¥n¥n*** inorder traversal (stack) ***¥n");
  inorder_stack (root);

  printf ("¥n");

  return 0;
}
```

[出力]

```
40 30 70 10 60 90 20 80

*** binary search tree ***

____90
______80
__70
____60
40
__30
______20
____10

*** inorder traversal (recursion) ***
10 20 30 40 60 70 80 90

*** inorder traversal (stack) ***
10 20 30 40 60 70 80 90
```

**コード11.7：スタックを利用した通りがけ順走査**

## 3. 末尾再帰

末尾再帰（tail recursion）とは，再帰関数の中で実行する最後の処理ステップが再帰呼び出しになっている特別なケースの再帰のことである。

コード11.8の関数factorialは末尾再帰ではない。なぜなら，計算 $n\times$ factorial $(n-1)$ は，積算の処理であり，このコードでは，最後の処理が再帰呼び出しとなっていないからである。それに対し，コード11.8の関数factorial_tailは，末尾再帰の関数である。

[ c11-8.c ]

```
/* code: c11-8.c   (v1.18.00) */
#include <stdio.h>

/* ------------------------------------------ */
int factorial (int n)
{
  if (n == 0)
    return 1;

  return n * factorial (n - 1);
}

/* ------------------------------------------ */
int factorial_tail (int n, int acc)
{
  if (n == 0)
    return acc;

  return factorial_tail (n - 1, n * acc);
}

/* ------------------------------------------ */
int main ()
{
  int i;

  i = 5;
  printf ("factorial_tail(%d) = %d¥n", i, factorial_tail (i, 1));

  return 0;
}
```

[出力]

```
factorial_tail(5) = 120
```

**コード11.8：末尾再帰の関数**

コード11.8の末尾再帰版factorial_tailでは，関数内の最後の処理が，factorial_tail（$n-1$,　$n*$ acc）となっており，これは再帰関数の呼び出しとなっている。関数の引数で減算と積算が行われているが，これは再帰が呼び出される前に処理が行われている。なお，この末尾再帰のコードでは，引数が2つに増えている。

末尾再帰の場合，関数の制御が呼び出した関数に戻っても，そこでの計算はなく，単純に呼び出しの関数に制御が戻る。近代的なコンパイラでは，末尾呼出し除去（tail call elimination）によって，関数の呼び出しをgotoのようなジャンプ命令で書き換え，スタックの使用量を節約し最適化する。また，末尾再帰では，コードを繰り返しや反復（forループやwhileループ）などに変換することが可能で，計算処理の高速化ができる。近代的な多くの関数型言語（functional programming language）のコンパイラには末尾再帰最適化の機能がある。代表的な関数型言語には，Erlang（アーラン），Haskell（ハスケル），OCaml（オーキャムル，オーキャメル），Scala（スカーラー）といったものがある。

## 演習問題

（問11.1） 再帰について簡単に説明しなさい。

（問11.2） 再帰の終了条件（terminating condition）について説明しなさい。

（問11.3） 再帰とスタックの関係について簡単に説明しなさい。

（問11.4） 以下のコードを実行しなさい。

[ q11-1.c ]

```
/* code: q11-1.c   (v1.18.00) */
#include <stdio.h>

void foo (int n)
{
  if (n < 5) {
    printf ("%d ", n);
    foo (n + 1);
  }
}

int main ()
{
  foo (0);
  return 0;
}
```

（問11.5） 以下のコードを実行しなさい。（問11.4）のコードと類似しているが，再帰関数fooとprintfの実行順序が逆になっていることに注意すること。

[ q11-2.c ]

```
/* code: q11-2.c   (v1.18.00) */
#include <stdio.h>

void foo (int n)
{
  if (n < 5) {
    foo (n + 1);
    printf ("%d ", n);
  }
}

int main ()
{
  foo (0);
  return 0;
}
```

(問11.6) チャレンジ問題 累乗（同じ数を何度か掛け合わせること）を求める関数を考えなさい。再帰を利用すること。例えば，考えられる関数のプロトタイプは次のようになる。

```
int power (int x, int n);
```

(問11.7) チャレンジ問題 第1章のコード1.6の二分探索は繰り返し処理（while文）によるものである。再帰を利用した二分探索のコードについて調べなさい。

(問11.8) チャレンジ問題 POV-Ray（ポブレイ，Persistence of Vision Raytracer）は，様々なOSで利用できるレイトレーシングのソフトウェアである。POV-Rayをインストールして，以下のフラクタル図形の描画を行うPOV-Rayのシーン記述言語（scene description language）のコードを実行しなさい。

[ q11-5.pov ] （POV-Rayのシーン記述言語）

```
// q11-5.pov (v1.18.00)

#include "colors.inc"

#declare pt1 = <cos(90.0*pi/180.0) ,sin(90.0*pi/180.0),0>;
#declare pt2 = <cos(210.0*pi/180.0) ,sin(210.0*pi/180.0),0>;
#declare pt3 = <cos(330.0*pi/180.0) ,sin(330.0*pi/180.0),0>;

#declare sierpinski = object{
  polygon { 4, pt1, pt2, pt3, pt1}
  texture {
    pigment{Blue}
  }
};

background { color White }

camera {
  direction <-1,0,0>
  right     x*image_width/image_height
  location  <0,0,3>
  look_at   <0,0,0>
}

light_source {
  <0,0,5>
  color White
}

#declare counter=1;
#while(counter < 6)
  #declare sierpinski=union{
    object{sierpinski scale 0.5 translate 0.5*pt1}
    object{sierpinski scale 0.5 translate 0.5*pt2}
    object{sierpinski scale 0.5 translate 0.5*pt3}
}
  #declare counter=counter+1;
#end

sierpinski
```

## 解答例

（解11.1）　自分自身を呼び出す関数（function）または手続き（procedure），呼び出しのたびに異なる引数を渡す。

（解11.2）　新たな再帰呼び出しは行わず，再帰が戻る状態を定義する。

（解11.3）　すべての再帰で実行されるコードは，スタックを用いたコードに書き換えて実行することが可能である。

（解11.4）

```
0 1 2 3 4
```

（解11.5）　11.4のコードと類似しているが，再帰関数fooとprintfの実行順序が逆になっていることに注意すること。

```
4 3 2 1 0
```

（解11.6）　再帰を利用した累乗の計算。なお，同様の計算を行うものとして，C言語のpow関数がある。

「q11-3.c」

```
#include <stdio.h>

/* ---------------------------------------- */
int power (int x, int n)
{
  int m;
```

```
  if (n == 0)
    return 1;

  if (n % 2 == 0) {
    m = power (x, n / 2);
    return m * m;
  }
  else {
    return x * power (x, n - 1);
  }
}

/* ---------------------------------------- */
int main ()
{
  int x, n;

  x = 5;
  n = 3;
  printf ("power(%d,%d) = %d¥n", x, n, power (x, n));

  return 0;
}
```

「出力」

```
power(5,3) = 125
```

(解11.7)　再帰を利用した二分探索の例。

「q11-4.c」(コードの一部)

```
/* ---------------------------------------- */
int binary_search_r (int array[], int num, int key, int low, int high)
{
  int middle;

  if (low > high)
    return -1;

  middle = (low + high) / 2;

  if (array[middle] == key) {
```

```
    return middle;
  }
  else if (array[middle] < key) {
    return binary_search_r (array, num, key, middle + 1, high);
  }
  else {
    return binary_search_r (array, num, key, low, middle - 1);
  }
}
```

（解11.8） POV-Ray（ポブレイ，Persistence of Vision Raytracer）については，http://www.povray.org/ を参照。コード中の「#while (counter < 6)」の値を変更して出力の違いを確かめること。

図11.3：POV-Rayによる出力の例（シェルピンスキーの三角形）

# 12 ソーティング

**《目標とポイント》** バブルソート，選択ソート，挿入ソートなどの基本的なソートアルゴリズムについて学び，これらのアルゴリズムのC言語によるコード例について学習する。また，これらのソートアルゴリズムの計算量や特徴について考える。
**《キーワード》** 整列，昇順，降順，安定なソート，バブルソート，選択ソート，挿入ソート，計算量

## 1. ソーティング

ソーティング（sorting；整列）は，データを値の大小関係に従って並べ替える操作であり，多くのソフトウェアにおいて何らかの形で使用されている。例えば，表計算ソフトウェアやデータベースシステムで，データを価格順，日付順，年齢順，名前順等で，並べ替えるといったソートの操作は頻繁に行われる。

### 1.1 昇順と降順

値が小さいデータから大きなデータへと増加するように並べられていることは昇順（しょうじゅん；ascending order），値が大きなデータから小さなデータへと減少するように並べられていることは降順（こうじゅん；descending order）と呼ぶ。

### 1.2 安定なソート

ソートされるデータの中に，同じ値のキーを持つものが2つ以上存在するとき，同じ値のキーのデータが，ソート前とソート後でデータ順序が変化しないものを"安定なソート"（stable sort）と呼ぶ。図12-1の例では，同じ値となる3つのデータ200がある。それぞれにa，b，cのラベルを付加して区別している。安定なソートを用いた場合，ソート前とソート後でデータ順序が変化していない。それに対して，"安定でないソート"（unstable sort）では，同じ値となる3つのデータ200がソート前とソート後でデータ順序が変化している。

ソーティングのアルゴリズムによって，安定なソートと安定でないソートがある。バブルソート（bubble sort）や挿入ソート（insertion sort）は安定なソートである。選択ソート（selection sort）は，安定でないソートである。ただし，安定でないソートでも，派生版のアルゴリズムが多数存在し，アルゴリズムの一部を変更することで安定なソートに変更されているものもある。

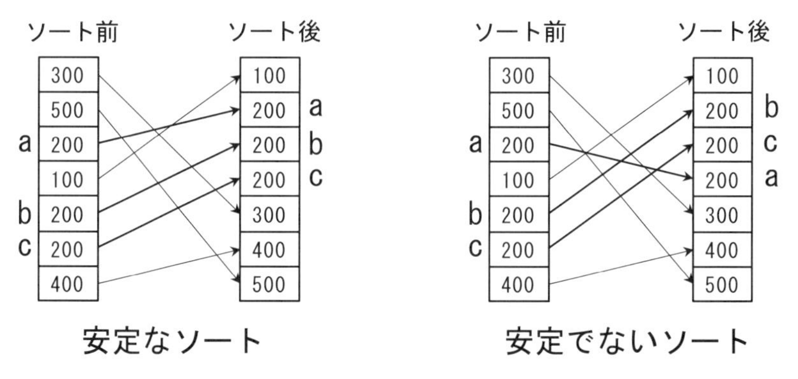


図12-1 安定なソートと安定でないソート

安定なソートは，ソートするデータがレコード形式によって複数の要素からなる場合に重要である。例えば，図12-2にあるようなID番号と点数の要素をもつデータベースをソートする例について考える。ID番号順でソート済みのデータベースに対して，安定なソートで点数順にソートすると，同じ点数のデータはID番号順に並ぶ。この例では，点数が100点となるデータが3つあるが，点数順にソートしても，この3つのデータのID番号も順番に並んでいる。つまり，同じ点数の学生はID番号順で並ぶようになる。このように,複数の要素でソートを行うとき，安定なソートでは，同じキー値を持つデータの順序関係が保持されるため便利である。

| ID | 点数 |
|---|---|
| 1001 | 100 |
| 1000 | 70 |
| 1002 | 100 |
| 1004 | 100 |
| 1003 | 80 |
| 1006 | 90 |
| 1005 | 90 |

→ IDでソート

| ID | 点数 |
|---|---|
| 1000 | 70 |
| 1001 | 100 |
| 1002 | 100 |
| 1003 | 80 |
| 1004 | 100 |
| 1005 | 90 |
| 1006 | 90 |

→ 点数でソート

| ID | 点数 |
|---|---|
| 1001 | 100 |
| 1002 | 100 |
| 1004 | 100 |
| 1005 | 90 |
| 1006 | 90 |
| 1003 | 80 |
| 1000 | 70 |

図12-2　安定なソートの例

## 2. 基本的なソーティング

ソートには，様々なアルゴリズムがある。ソートは大小の比較によるソートとそうでないものに分類することができる。大小の比較によるソートとしては，バブルソート（bubble sort），選択ソート（selection sort），挿入ソート（insertion sort），クイックソート（Quicksort），マージソート（merge sort）などがある。そして，大小の比較によるソートは，一番速くても$O(n \log n)$の計算量が必要であることが知られている。データの大小の比較を行わないものとしては，基数ソート（radix sort）やビンソート（bin sort）がある。

バブルソート，選択ソート，挿入ソートは，比較的単純なアルゴリズムであるため，計算機科学では基本的なソートとして扱われている。これらの3つのソートの平均の計算量は$O(n^2)$であり，これらは効率の良いソートではない。したがって，バブルソートや挿入ソートにおいて，データの並びが良い状態で，最良の計算量が$O(n)$に近づくような場合を除いて，これらのソートはあまり実用的ではない。

**表12-1　計算量と安定性**

| ソート手法 | 平均 | 最良 | 最悪 | 安定性 |
|---|---|---|---|---|
| バブルソート | $O(n^2)$ | $O(n)$ | $O(n^2)$ | 安定 |
| 選択ソート | $O(n^2)$ | $O(n^2)$ | $O(n^2)$ | 不安定 |
| 挿入ソート | $O(n^2)$ | $O(n)$ | $O(n^2)$ | 安定 |

### 2.1　バブルソート

バブルソート（bubble sort）は，隣接する要素の値の大小関係を比較し，大小関係が逆であったらそれを入れ替えていくという手法である。バブルとは泡を意味しており，ソートの過程で，比較されているデータが移動していく様子が，水中にある空気の泡が上に浮かんでいく様子に似ていることから，この名前がついている。コード12.1はバブルソートを行うC言語による関数の例である。関数にはデータが格納された配列とソートを行うデータの個数が入力として渡される。関数は2重のループがあり，外側のループは比較する回数，内側のループは比較する要素の添字の位置を決定している。コードは，隣接する要素の大小関係が逆になっている場合は，配列の要素を入れ替える。出力では，変数と配列の変化をコード中のprintf関数で表示するようになっている。この出力で，配列の要素に注目すると，要素が水中のバブルのように移動していくことがわかる。平均の計算量は$O(n^2)$であることから，推奨されないソートアルゴリズムであるが，ソートするデータの並び方によっては，計算量は$O(n)$ に近づく。ただし，計算量が$O(n)$となるためには，コード12.1は変更が必要である。（問12.5）の演習問題を参照。なお，12.1のバブルソートの関数では，printf関数で変数と配列の値を表示している。

[ c12-1.c ]

```
/* code: c12-1.c   (v1.18.00) */
#include <stdio.h>
#include <stdlib.h>

/* ------------------------------------------ */
void print_array (int v[], int n)
{
  int i;
  printf ("array: ");
  for (i = 0; i < n; i++) {
    printf ("%d ", v[i]);
  }
  printf ("¥n");
}

/* ------------------------------------------ */
void bubble_sort (int v[], int n)
{
  int i, j, temp;
  for (i = 0; i < n - 1; i++) {
    for (j = 0; j < n - i - 1; j++) {
      if (v[j] > v[j + 1]) {
        temp = v[j];
        v[j] = v[j + 1];
        v[j + 1] = temp;
```

```
      }
      printf ("i:%d j:%d  ", i, j);
      print_array (v, n);
    }
  }
}

/* ---------------------------------------- */
int main ()
{
  int array[5]
  = { 300, 100, 200, 500, 400 };

  print_array (array, 5);
  bubble_sort (array, 5);
  print_array (array, 5);

  return 0;
}
```

[出力]

```
array: 300 100 200 500 400
i:0 j:0  array: 100 300 200 500 400
i:0 j:1  array: 100 200 300 500 400
i:0 j:2  array: 100 200 300 500 400
i:0 j:3  array: 100 200 300 400 500
i:1 j:0  array: 100 200 300 400 500
i:1 j:1  array: 100 200 300 400 500
i:1 j:2  array: 100 200 300 400 500
i:2 j:0  array: 100 200 300 400 500
i:2 j:1  array: 100 200 300 400 500
i:3 j:0  array: 100 200 300 400 500
array: 100 200 300 400 500
```

**コード12.1：バブルソートの例**

## 2.2　選択ソート

選択ソート（selection sort）は，データのソートされていない部分から最小の部分を選択（selection）し，それを先頭部分へ移動するという操作を繰り返すソートである。コード12.2は選択ソートのコード例である。関数内には，2重のループがあり，ループによって最小となる要素の値を探索し，最小となった要素を未ソート部分の先頭の要素と交換している。計算量は$O((n-1) \times (n \div 2))$となる。よって，データの比較回数はバブルソートと同じ計算量の$O(n^2)$となる。

[ c12-2.c ]

```
/* code: c12-2.c   (v1.18.00) */
#include <stdio.h>
#include <stdlib.h>
/* ------------------------------------------ */
void print_array (int v[], int n)
{
  int i;
  printf ("array: ");
  for (i = 0; i < n; i++) {
    printf ("%d ", v[i]);
  }
  printf ("¥n");
}

/* ------------------------------------------ */
void selection_sort (int v[], int n)
{
  int i, j, t, min_index;
  for (i = 0; i < n - 1; i++) {
    min_index = i;
    for (j = i + 1; j < n; j++) {
      if (v[j] < v[min_index]) {
        min_index = j;
      }
      printf ("i:%d j:%d  ", i, j);
      print_array (v, n);
    }
    t = v[i];
    v[i] = v[min_index];
    v[min_index] = t;
  }
}

/* ------------------------------------------ */
int main ()
{
```

```
  int array[5]
  = { 300, 100, 200, 500, 400 };

  print_array (array, 5);
  selection_sort (array, 5);
  print_array (array, 5);

  return 0;
}
```

[出力]

```
array: 300 100 200 500 400
i:0 j:1  array: 300 100 200 500 400
i:0 j:2  array: 300 100 200 500 400
i:0 j:3  array: 300 100 200 500 400
i:0 j:4  array: 300 100 200 500 400
i:1 j:2  array: 100 300 200 500 400
i:1 j:3  array: 100 300 200 500 400
i:1 j:4  array: 100 300 200 500 400
i:2 j:3  array: 100 200 300 500 400
i:2 j:4  array: 100 200 300 500 400
i:3 j:4  array: 100 200 300 500 400
array: 100 200 300 400 500
```

**コード12.2：選択ソートの例**

## 2.3　挿入ソート

挿入ソート（insertion sort）は，データの一部分をソート済みの状態にしながら，未ソートデータの各要素を1つずつ，ソート済み状態の部分に挿入（insert）していく手法である。このソートは，トランプゲームにおいて，手持ちのトランプの札を並べ替えておく操作に類似していると例えられる。平均の計算量は$O(n^2)$である。

[ c12-3.c ]

```
/* code: c12-3.c   (v1.18.00) */
```

```
#include <stdio.h>
#include <stdlib.h>
/* ---------------------------------------- */
void print_array (int v[], int n)
{
  int i;
  printf ("array: ");
  for (i = 0; i < n; i++) {
    printf ("%d ", v[i]);
  }
  printf ("¥n");
}

/* ---------------------------------------- */
void insertion_sort (int v[], int n)
{
  int i, j, t;
  for (i = 1; i < n; i++) {
    j = i;
    while ((j >= 1) && (v[j - 1] > v[j])) {
      t = v[j];
      v[j] = v[j - 1];
      v[j - 1] = t;
      j--;
      printf ("i:%d j:%d  ", i, j);
      print_array (v, n);
    }
  }
}

/* ---------------------------------------- */
int main ()
{
  int array[5]
  = { 300, 100, 200, 500, 400 };

  print_array (array, 5);
  insertion_sort (array, 5);
  print_array (array, 5);

  return 0;
}
```

[出力]

```
array: 300 100 200 500 400
i:1 j:0  array: 100 300 200 500 400
```

```
i:2 j:1  array: 100 200 300 500 400
i:4 j:3  array: 100 200 300 400 500
array: 100 200 300 400 500
```

**コード12.3：挿入ソートの例**

バブルソートと同様に，データが，ソートしようとしている順序でソート済みの場合には，高速にソートができ，平均の計算量は$O(n)$となる。例えば，コード12.3の配列の要素をコード12.4のように変更してソート済みにするとwhile文の中の処理が実行されない。

[ c12-4.c ]（コードの一部分）

```
...

int array[5] = { 100, 200, 300, 400, 500 };
...
```

[出力]

```
array: 100 200 300 400 500
array: 100 200 300 400 500
```

**コード12.4：挿入ソートの例（ソート済み配列）**

逆に，配列の要素がコード12.5のようにソートしようとしている順序とは逆になっているときは，while文の中の処理が繰り返される。

[ c12-5.c ]

```
...

int array[5]  = { 500, 400, 300, 200, 100 };
...
```

[出力]

```
array: 500 400 300 200 100
i:1 j:0  array: 400 500 300 200 100
i:2 j:1  array: 400 300 500 200 100
i:2 j:0  array: 300 400 500 200 100
i:3 j:2  array: 300 400 200 500 100
i:3 j:1  array: 300 200 400 500 100
i:3 j:0  array: 200 300 400 500 100
i:4 j:3  array: 200 300 400 100 500
i:4 j:2  array: 200 300 100 400 500
i:4 j:1  array: 200 100 300 400 500
i:4 j:0  array: 100 200 300 400 500
array: 100 200 300 400 500
```

**コード12.5：挿入ソートの例（逆方向にソート済みの配列）**

## 演習問題

(問12.1)　値が小さいデータから大きなデータへと増加するように並べられていること，値が大きなデータから小さなデータへと減少するように並べられていることを，それぞれ何というか答えなさい。

(問12.2)　バブルソート，選択ソート，挿入ソートの平均の計算量を答えなさい。

(問12.3)　バブルソート，選択ソート，挿入ソートの最良の計算量を答えなさい。

(問12.4)　コード12.1のバブルソートでデータ交換を行っている部分を関数化したコードに変更しなさい。

(問12.5)　**チャレンジ問題**　コード12.1のバブルソートは，2重ループが常に実行され効率が良くない。データ交換の有無を監視してループの実行を制御したバブルソートのコードを考えなさい。

(問12.6)　**チャレンジ問題**　コード12.1を変更して，100,000個（10万個）の乱数データをソートするコードを作成しなさい。計算の途中経過を表示する関数呼び出しは省略し，コードの実行にどの程度の時間がかかるのか調べなさい。

**解答例**

（解12.1）

✓ 昇順: 値が小さいデータから大きなデータへと増加するように並べられていること

✓ 降順: 値が大きなデータから小さなデータへと減少するように並べられていること

（解12.2）　表12-1を参照。3つのソートとも平均の計算量は$O(n^2)$となる。

（解12.3）　表12-1を参照。ソートするデータの状態よって，バブルソートと挿入ソートでは最良の計算量が$O(n)$となることに注意。

（解12.4）　コードはデータを交換している部分を関数化している。関数化する意味はあまりないが，バブルソートのコードが，若干，見やすくなる。（全体のコードはWeb補助教材を参考にすること。）

[ q12-1.c ]（コードの一部）

```
/* ---------------------------------------- */
void swap (int *a, int *b)
{
  int temp;
  temp = *a;
  *a = *b;
  *b = temp;
}

/* ---------------------------------------- */
void bubble_sort (int v[], int n)
{
```

```
  int i, j;
  for (i = 0; i < n - 1; i++) {
    for (j = 0; j < n - i - 1; j++) {
      if (v[j] > v[j + 1]) {
        swap (&v[j], &v[j + 1]);
      }
      printf ("i:%d j:%d  ", i, j);
      print_array (v, n);
    }
  }
}
```

[出力]

```
array: 300 100 200 500 400
i:0 j:0  array: 100 300 200 500 400
i:0 j:1  array: 100 200 300 500 400
i:0 j:2  array: 100 200 300 500 400
i:0 j:3  array: 100 200 300 400 500
i:1 j:0  array: 100 200 300 400 500
i:1 j:1  array: 100 200 300 400 500
i:1 j:2  array: 100 200 300 400 500
i:2 j:0  array: 100 200 300 400 500
i:2 j:1  array: 100 200 300 400 500
i:3 j:0  array: 100 200 300 400 500
array: 100 200 300 400 500
```

(解12.5)　データ交換の有無を監視してループの実行を制御したコードである。while文などを用いても実装できる。コード12.1の出力との違いを比較すること。(全体のコードはWeb補助教材を参考にすること。)

[ q12-2.c ] (コードの一部)

```
/* ---------------------------------------- */
void bubble_sort (int v[], int n)
{
  int i, j, temp, flag;
```

```
    flag = 1;
    for (i = 0; (i < n - 1) && (flag == 1); i++) {
      flag = 0;
      for (j = 0; j < n - i - 1; j++) {
        if (v[j] > v[j + 1]) {
          temp = v[j];
          v[j] = v[j + 1];
          v[j + 1] = temp;
          flag = 1;
        }
        printf ("i:%d j:%d  ", i, j);
        print_array (v, n);
      }
    }
}
```

[出力]

```
array: 300 100 200 500 400
i:0 j:0  array: 100 300 200 500 400
i:0 j:1  array: 100 200 300 500 400
i:0 j:2  array: 100 200 300 500 400
i:0 j:3  array: 100 200 300 400 500
i:1 j:0  array: 100 200 300 400 500
i:1 j:1  array: 100 200 300 400 500
i:1 j:2  array: 100 200 300 400 500
array: 100 200 300 400 500
```

(解12.6)　このコードでは，配列用のメモリ確保にmalloc関数を利用している。Intel Core i7-4790K CPU@4.00GHzでは，10万件の乱数データのソートには約11秒かかった。100万件の乱数データでは約19分40秒かかった。(全体のコードはWeb補助教材を参考にすること。)

[ q12-3.c ] (コードの一部)

```
/* ---------------------------------------- */
int main ()
{
```

```
  int *array;
  int i, n;

  n = 100000;
  array = malloc (sizeof (int) * n);

  for (i = 0; i < n; i++) {
    array[i] = rand () % n;
  }

  print_array (array, 10);
  bubble_sort (array, n);
  print_array (array, 10);

  free (array);

  return 0;
}
```

[出力]

```
array: 89383 30886 92777 36915 47793 38335 85386 60492 16649 41421
array: 0 1 2 2 3 3 3 3 4 4
```

# 13 ソーティングの応用

**《目標とポイント》** 高速なソートの例として，クイックソート，マージソートについて学習する。クイックソートやマージソートは，再帰プログラムで実現することができる。C言語によるクイックソートやマージソートの実装について学ぶ。また，C言語のqsort関数の利用例について考える。
**《キーワード》** クイックソート，マージソート，再帰，再帰とスタック，qsort関数

## 1. 高速なソーティング

ソートのアルゴリズムには様々なものがある。前章（12章）で述べた，バブルソート，選択ソート，挿入ソートは平均の計算量が$O(n^2)$となるようなアルゴリズムである。本章では，再帰的な考え方を利用したクイックソートについて考える。これは平均の計算量が$O(n \log n)$となる高速なソートである。

表13-1　代表的な高速ソートアルゴリズムと計算量

| ソート手法 | 平均 | 最良 | 最悪 |
| --- | --- | --- | --- |
| クイックソート | $O(n \log n)$ | $O(n \log n)$ | $O(n^2)$ |
| マージソート | $O(n \log n)$ | $O(n \log n)$ | $O(n \log n)$ |

## 2. クイックソート

クイックソート（Quicksort）は，1960年代にHoareによって発明され，partition-exchange sortという呼び名でも知られている[†1]。クイックソートは，その名前の通り，値を比較する内部ソートとしては平均計算量が$O(n \log n)$で最も速いことで知られている。

クイックソートは分割統治アルゴリズム（divide and conquer algorithm）としても知られている。分割統治とは，大きな問題があり，そのままでは解決が困難であるとき，その問題を小さな解決可能な問題に分割する。そして，小さくなった個々の問題を解決していくことで，最終的に大きな問題を解決する方法をいう。クイックソートは，この分割統治法の考えを応用したものである。

クイックソートでは，まず，ソートの対象となるデータ配列を2つの部分配列として分割する。分割に使う配列の要素はピボット（pivot；枢軸）と呼ばれる。ピボットによって分割された，部分配列に対して再帰呼び出しによるクイックソートを行うという操作を繰り返す。この再帰的な手続きには3つのステップがある。

1）部分配列を小さな値と大きな値のグループで分割する。
2）小さな値のグループに関して再帰呼び出しを行いソートする。
3）大きな値のグループに関して再帰呼び出しを行いソートする。

ピボットの選択方法はいくつかあり，配列における（1）最初の要素，（2）最後の要素，（3）メディアン（中央値），（4）ランダムな要素などが利用される。なお，メディアンとは，データを小さい順に並べたとき中央に位置する値である。図13-1は，8個の整数値をクイックソートし

†1：Hoare, C.A.R., Quicksort, Computer Journal 5, 10-15, 1962.

たときの例である。この例では簡略化のため，グループ分けしたデータの最初の要素（各グループで最も左にある値）をピボットとして採用している。

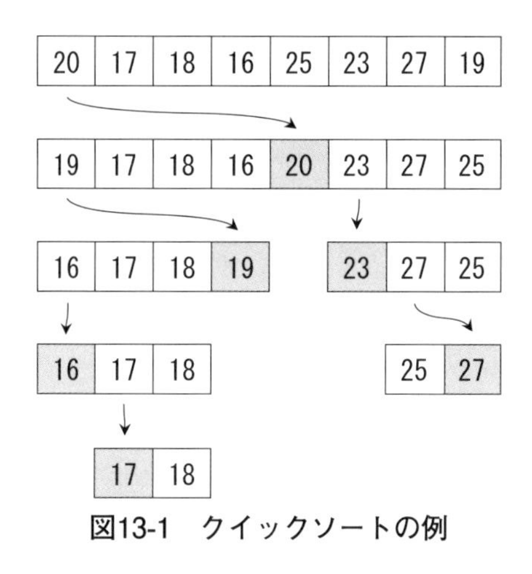


図13-1　クイックソートの例

ピボットの選択手法に依存するが，最も基本的で単純なクイックソートのピボット選択手法では，最大（あるいは最小）の要素を分割要素に選択した場合で最悪となる。つまり，既にソート済みのデータ等で最悪になる。（問13.1）と（問13.7）を参考にすること。

### 2.1　クイックソート（再帰版）

コード13.1は，C言語による再帰関数を利用したクイックソートである。クイックソートには，ピボット選択方法等を改良した派生版のクイックソートが多数存在する。コード13.1は最も基本的なクイックソートの例である。

[ c13-1.c ]

```
/* code: c13-1.c   (v1.18.00) */
#include <stdio.h>
#include <stdlib.h>

/* ------------------------------------------ */
void print_array (int v[], int n)
{
  int i;
  printf ("array: ");
  for (i = 0; i < n; i++) {
    printf ("%02d ", v[i]);
  }
  printf ("¥n");
}

/* ------------------------------------------ */
int partition (int v[], int lower_bound, int upper_bound)
{
  int a, down, up, temp;

  a = v[lower_bound];
  up = upper_bound;
  down = lower_bound;

  while (down < up) {
    while ((v[down] <= a) && (down < upper_bound)) {
      down++;
    }
    while (v[up] > a) {
      up--;
    }
    if (down < up) {
      temp = v[down];
      v[down] = v[up];
      v[up] = temp;
    }
  }
  v[lower_bound] = v[up];
  v[up] = a;
  return up;
}

/* ------------------------------------------ */
void quicksort (int v[], int left, int right)
{
```

```
  int p;
  if (left >= right) {
    return;
  }
  p = partition (v, left, right);
  quicksort (v, left, p - 1);
  quicksort (v, p + 1, right);
}

/* ---------------------------------------- */
int main ()
{
  int array[10]
  = { 80, 40, 30, 20, 10, 00, 70, 90, 50, 60 };

  print_array (array, 10);
  quicksort (array, 0, 9);
  print_array (array, 10);

  return 0;
}
```

[出力]

```
array: 80 40 30 20 10 00 70 90 50 60
array: 00 10 20 30 40 50 60 70 80 90
```

**コード13.1：クイックソート（再帰関数利用）**

## 2.2　クイックソート（非再帰版）

コード13.2は，C言語によるクイックソートのコードで，再帰を用いずにスタックを用いて書き直した例である。再帰コードは，必ずそれと等価なスタック構造を用いたコードへ変換できることから，クイックソートは再帰を用いずにスタックを用いてプログラミングされることがある。これは，再帰コードは，古いコンパイラなどを用いた場合，実行の効率が悪い場合や，再帰呼び出し用のスタック領域の不足が予期できない場合があるためである。なお，このコード例では，関数内で配列による簡易なスタックを利用しているが，より大きなデータを扱う場合は，配列を動的メモリに確保するか，配列をグローバル変数として確保するなどの工夫が必要である。

［ c13-2.c ］

```
/* code: c13-2.c   (v1.18.00) */
#include <stdio.h>
#include <stdlib.h>
#define STACK_SIZE 2048

/* ---------------------------------------- */
void print_array (int v[], int n)
{
  int i;
  printf ("array: ");
  for (i = 0; i < n; i++) {
    printf ("%02d ", v[i]);
  }
  printf ("¥n");
}

/* ---------------------------------------- */
int partition (int v[], int lower_bound, int upper_bound)
{
  int a, down, up, temp;

  a = v[lower_bound];
  up = upper_bound;
  down = lower_bound;

  while (down < up) {
    while ((v[down] <= a) && (down < upper_bound)) {
      down++;
    }
    while (v[up] > a) {
      up--;
    }
    if (down < up) {
      temp = v[down];
      v[down] = v[up];
      v[up] = temp;
    }
  }
  v[lower_bound] = v[up];
  v[up] = a;
```

```
  return up;
}

/* ---------------------------------------- */
void quicksort_stack (int v[], int n)
{
  int left, right, i, sptr;
  int stack_lower_bound[STACK_SIZE];
  int stack_upper_bound[STACK_SIZE];

  stack_lower_bound[0] = 0;
  stack_upper_bound[0] = n - 1;
  sptr = 1;

  while (sptr > 0) {
    sptr--;
    left = stack_lower_bound[sptr];
    right = stack_upper_bound[sptr];

    if (left >= right) {
      ;
    }
    else {
      i = partition (v, left, right);

      if ((i - left) < (right - i)) {
        stack_lower_bound[sptr] = i + 1;
        stack_upper_bound[sptr++] = right;
        stack_lower_bound[sptr] = left;
        stack_upper_bound[sptr++] = i - 1;
      }
      else {
        stack_lower_bound[sptr] = left;
        stack_upper_bound[sptr++] = i - 1;
        stack_lower_bound[sptr] = i + 1;
        stack_upper_bound[sptr++] = right;
      }
    }
  }
}


/* ---------------------------------------- */
int main ()
{
  int array[10]
  = { 80, 40, 30, 20, 10, 00, 70, 90, 50, 60 };
```

```
  print_array (array, 10);
  quicksort_stack (array, 10);
  print_array (array, 10);

  return 0;
}
```

[出力]

```
array: 80 40 30 20 10 00 70 90 50 60
array: 00 10 20 30 40 50 60 70 80 90
```

**コード13.2：クイックソート（非再帰）**

## 2.3　qsort関数（C言語標準ライブラリ）

コード13.3はC言語の標準のqsort関数を利用した例である。一般的に多くのC言語のコンパイラでは，クイックソートに基づいたアルゴリズムがqsort関数に利用されている。qsort関数の実装はコンパイラに依存している。一般的に標準ライブラリとして使われるqsort関数は最適化されており高速である。また，ソートするデータの並びによって，計算量が$O(n^2)$とならないように，ピボット選択アルゴリズムの改良がされていたり，あるいは，他のソートアルゴリズムを組み合わせるといった工夫がなされている。qsort関数では，データを比較する関数はプログラマーが作成しなくてはならない。これによって，文字列や構造体データの比較など，データの比較の仕方を自由に設定できる。

[ c13-3.c ]

```
/* code: c13-3.c   (v1.18.00) */
#include <stdio.h>
#include <stdlib.h>

/* ---------------------------------------- */
```

```
void print_array (int v[], int n)
{
  int i;
  printf ("array: ");
  for (i = 0; i < n; i++) {
    printf ("%02d ", v[i]);
  }
  printf ("¥n");
}

/* ---------------------------------------- */
int int_compare (const void *va, const void *vb)
{
  int a, b;
  a = * (int *) va;
  b = * (int *) vb;
  if (a < b) {
    return (-1);
  }
  else if (a > b) {
    return (1);
  }
  else {
    return (0);
  }
}

/* ---------------------------------------- */
int main ()
{
  int array[10]
  = { 80, 40, 30, 20, 10, 00, 70, 90, 50, 60 };

  print_array (array, 10);
  qsort (array, 10, sizeof (int) , int_compare);
  print_array (array, 10);

  return 0;
}
```

[出力]

```
array: 80 40 30 20 10 00 70 90 50 60
array: 00 10 20 30 40 50 60 70 80 90
```

**コード13.3：クイックソート（C言語標準ライブラリqsort）**

# 3. マージとマージソート

本節では，マージとマージソートについて述べる。

## 3.1　マージ

マージ（merge）とは併合を意味する。この操作では2つのソート済みの配列を併合し，新たな配列を作成する。作成された配列には元の2つの配列の要素が全て含まれており，しかもソート済みになる。マージの手法は簡単である。図13-2のように，ソート済み配列Aと配列Bがあり，新たな配列Cの作成を行うとする。まず，配列Aと配列Bの最初の要素を比較し，小さい方の要素を取り出して配列Cに追加する。この操作を配列Aと配列Bの要素のどちらかがなくなるまで繰り返す。そして，残った配列の要素の総てを配列Cに追加する。マージの入力となる配列

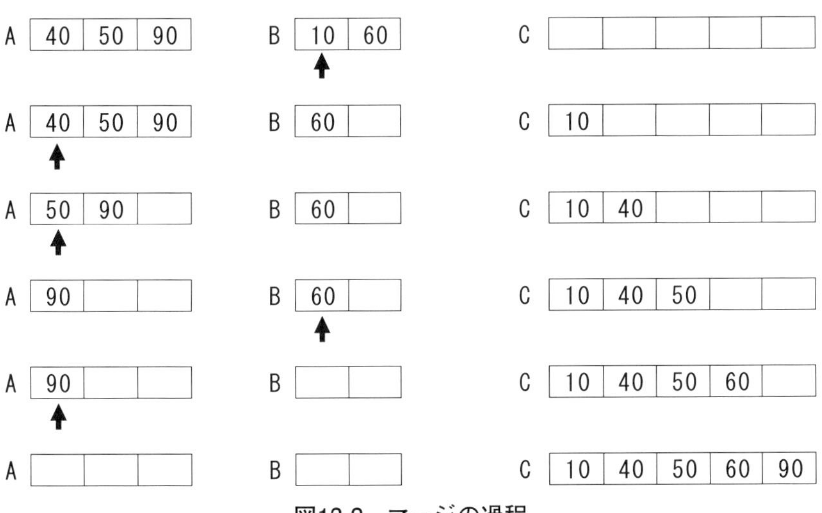


図13-2　マージの過程

は，2つ以上でもかまわない，また各配列の要素数（配列の長さ）が異なっていてもよい。ただし，マージ後の配列は，入力の配列の要素が全て保存できる大きさでなければならない。

### 3.2 マージソート

マージソートはマージの処理を利用して行うソートである。マージソートでは，まず，ソート対象となるデータを含む1つの配列を半分に分割する。2つに分割した配列Aと配列Bをそれぞれソートする。ソート済みの配列Aと配列Bをマージする。この処理は，図13-3のように再帰的に行うことができる。コード13.4は，C言語によるマージソートの例である。マージソートでは，元の配列と同じ大きさの作業用のメモリを必要とする。そのため，このコードでは，作業用のarray_tempという配列が用意されている。[†2]

［c13-4.c］

```
/* code: c13-4.c   (v1.18.00) */
#include <stdio.h>
#include <stdlib.h>

/* ------------------------------------------- */
void print_array (int v[], int n)
{
  int i;
  printf ("array: ");
  for (i = 0; i < n; i++) {
    printf ("%02d ", v[i]);
  }
  printf ("¥n");
}

/* ------------------------------------------- */
void merge_sort (int v[], int lb, int ub, int v_temp[])
```

†2：コード例などで変数名“temp”，“tmp”，“t”等が使われることがあるが，これは“temporary”の意味である。つまり，一時的に値を保持する変数である。なお，派生版のマージソートの中には，作業用メモリ空間を必要としないものもある。

```
{
  int i, j, k, c;

  if (lb >= ub) {
    return;
  }
  c = (lb + ub) / 2;

  merge_sort (v, lb, c, v_temp);
  merge_sort (v, c + 1, ub, v_temp);

  for (i = lb; i <= c; i++) {
    v_temp[i] = v[i];
  }
  for (i = c + 1, j = ub; i <= ub; i++, j--) {
    v_temp[i] = v[j];
  }

  i = lb;
  j = ub;

  for (k = lb; k <= ub; k++) {
    if (v_temp[i] <= v_temp[j]) {
      v[k] = v_temp[i++];
    }
    else {
      v[k] = v_temp[j--];
    }
  }
}

/* ---------------------------------------- */
int main ()
{
  int array[10]
  = { 80, 40, 30, 20, 10, 00, 70, 90, 50, 60 };

  int array_temp[10];

  print_array (array, 10);
  merge_sort (array, 0, 9, array_temp);
  print_array (array, 10);

  return 0;
}
```

[出力]

```
array: 80 40 30 20 10 00 70 90 50 60
array: 00 10 20 30 40 50 60 70 80 90
```

**コード13.4：マージソート**

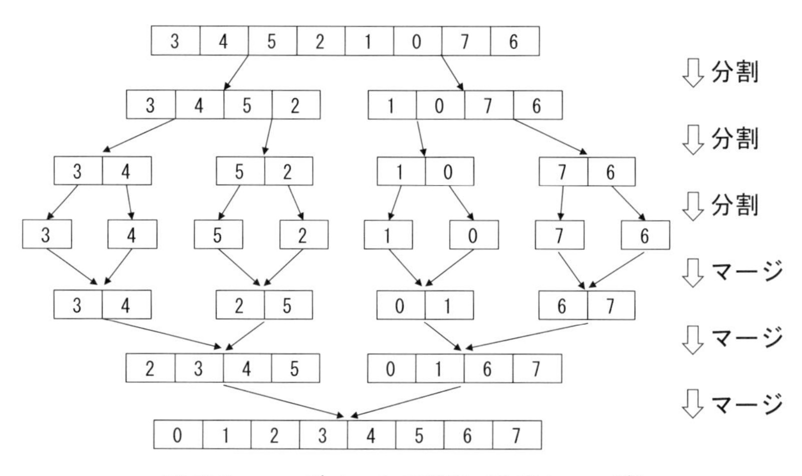


**図13-3　マージソートの過程（分割とマージ）**

マージソートの平均の計算量はO($n$ log $n$）となり高速である。マージソートはクイックソートのように，配列の要素の値に依存することなく，分割が行われるので，最悪の場合でもO($n$ log $n$）の計算量となる。ただし，マージソートの場合，再帰的に行う配列要素のコピーにかかる計算量（定数項部分の計算量）が大きいため，クイックソートよりも若干遅くなる。

マージソートで注意する点は，元の配列と同じ大きさの作業用のメモリを必要とすることである。(ただし，マージソートには様々な派生版が存在し，作業用のメモリを必要としないマージソート等も存在する。）しかし，近年では，PCはハードウェアにメモリを潤沢に搭載しており，大きなメモリ空間（64ビットOS等）を利用することが可能なので，以前（1980年代や1990年代）ほど大きな問題になることは少ないと考えられる。マージソートは，分割を行うときに要素の移動はなく，マージが実行されるときだけ，要素の交換が起きる。したがって，マージを実行するとき，値が同じ要素の位置情報を保存すれば，安定なソートとなる。

## 演習問題

（問13.1）　クイックソートの平均の計算量と最悪の計算量について説明しなさい。また，クイックソートはどのような時に最悪の計算量になるか説明しなさい。

（問13.2）　クイックソートやマージソートは再帰コードとして書くことができる。再帰コードとスタックの関係について説明しなさい。

（問13.3）　マージソートに使われるマージとはどのような操作か説明しなさい。

（問13.4）　マージソートの平均計算量について述べなさい。

（問13.5）　マージソートに関するメモリの問題について述べなさい。

（問13.6）　コード13.1を変更し，乱数データ100,000個（10万個）をクイックソートするコードを作成しなさい。そして，コードの実行にどの程度の時間がかかるのか調べなさい。前章の（問12.6）の結果と比較すること。

（問13.7）　コード13.1を変更し，乱数データ1,000,000個（100万個）をクイックソートして整列済みの配列を作成しなさい。そして，整列済みの配列を再びクイックソートするコードを作成しなさい。1回目のクイックソートと2回目のクイックソートにかかる時間の違いを比較しなさい。

(問13.8)　コード13.1を変更し，乱数データ100,000,000個（1億個）をクイックソートするコードを作成しなさい。

(問13.9)　コード13.3を変更し，乱数データ100,000個（10万個）をqsort関数でソートするコードを作成しなさい。そして，コードの実行にどの程度の時間がかかるのか調べなさい。(問13.6)の結果と比較すること。

(問13.10)　C言語のqsort関数を利用してアルファベット文字列が入った配列をソートするコードを考えなさい。文字列比較にはstrcmp関数を利用すること。

**解答例**

(解13.1)　クイックソートの計算量は以下の表のようになる。(ただし，クイックソートには，多数の派生版がある。それらのアルゴリズムでは，最悪の計算量が改善されているものもある。)

| 手法 | 平均 | 最良 | 最悪 |
|---|---|---|---|
| クイックソート | $O(n \log n)$ | $O(n \log n)$ | $O(n^2)$ |

ピボットの選択手法に依存するが，最も基本的な単純なクイックソート

のピボット選択手法では，最大（あるいは最小）の要素を分割要素に選択した場合で最悪となる。つまり，既にソート済みのデータ等で最悪になる。

（解13.2） 再帰で実行できる操作は，スタックを用いて同じ操作を実行できる。（再帰コードは，スタックを用いたコードに書き換えることができる。）

（解13.3） 2つのソート済みの配列を併合し，新たなソート済みの配列を作成する操作。

（解13.4） 平均計算量が$O(n \log n)$で速いソートである。

（解13.5） マージソートはソートする配列と同サイズの作業用のメモリ空間が必要である。（ただし，派生版のマージソートの中には，作業用メモリ空間を必要としないものもある。）

（解13.6） 乱数データ100,000個（10万個）をクイックソートするコードは，Intel Core i7-4790K（4.0GHz）で約0.007秒であった。バブルソートよりも圧倒的に高速である。（全体のコードはWeb補助教材を参考にすること。）

Linux等の環境では，timeコマンドを使用して，プログラム全体の時間を計測できる。（なお，WindowsやMS-DOS環境では，設定されている時刻を表示・変更するtimeコマンドが起動されるため注意すること。）

```
$ time ./q13-1
real    0m0.007s
user    0m0.006s
sys     0m0.001s
```

※real: 起動から終了までに経過した実時間，user: ユーザーCPU時間，sys: システム CPU時間。コマンドの時間計測やリソース使用量を表示する。

C言語のコードに時間を計測する命令をいれて，特定の関数実行などにかかる時間を測るには，time，clock，gettimeofday，などを利用することができる。ただし，これらの時間に関する命令はコンパイラ，OS，コンピュータアーキテクチャに依存するので注意して頂きたい。

[ q13-1.c ]（コードの一部）

```
/* code: q13-1.c   (v1.18.00) */
#include <stdio.h>
#include <stdlib.h>

#define MAX 100000


/* ---------------------------------------- */
void rand_data (int v[], int n)
{
  int i;
  for (i = 0; i < n; i++) {
    v[i] = rand () % (MAX / 10);
  }
}

/* ---------------------------------------- */
int main ( )
{
  int *array;

  array = malloc (sizeof (int) * MAX);
```

```
  rand_data (array, MAX);
  printf ("array size: %d¥n", MAX);
  fflush (stdout);

  print_array (array, 30);
  quicksort (array, 0, MAX - 1);
  print_array (array, 30);

  free (array);

  return 0;
}
```

[出力]

```
array size: 100000
array: 9383 886 2777 6915 7793 8335 5386 492 6649 1421 2362 27
8690 59 7763 3926 540 3426 9172 5736 5211 5368 2567 6429 5782 1530
2862 5123 4067 3135
array: 0 0 0 0 0 0 1 1 1 1 1 1 1 2 2 2 2 2 2 2 2 3 3 3 3 3 3 3
```

(解13.7)　クイックソートの関数を2回呼び出している。2回目のクイックソートでは，ソート済みの配列を再びクイックソートしているため，実行時間の違いに注意。ピボットの選択手法に依存するが，最も基本的で単純なクイックソートのピボット選択手法では，最大（あるいは最小）の要素を分割要素に選択した場合で最悪となる。つまり，既にソート済みのデータ等で最悪になる。Intel Core i7-4790K（4.0GHz）（Fedora Linux 25 X86_64; gcc 6.3.1; -O2）で，1回目のクイックソートは約0.11秒，2回目のクイックソートは約7.20秒であった。

[ q13-2.c ]（コードの一部）

```
/* ---------------------------------------- */
int main ()
{
  int *array;
```

```
  array = malloc (sizeof (int) * MAX);

  rand_data (array, MAX);
  printf ("array size: %d¥n", MAX);
  fflush (stdout) ;

  printf ("Quicksort (1st)¥n");
  print_array (array, 30);
  quicksort (array, 0, MAX - 1);
  print_array (array, 30);

  printf ("¥n");

  printf ("Quicksort (2nd)¥n");
  print_array (array, 30);
  quicksort (array, 0, MAX - 1);
  print_array (array, 30);


  free (array);

  return 0;
}
```

[出力]

```
array size: 1000000
Quicksort (1st)
array: 89383 30886 92777 36915 47793 38335 85386 60492 16649 41421
2362 90027 68690 20059 97763 13926 80540 83426 89172 55736 5211
95368 2567 56429 65782 21530 22862 65123 74067 3135
array: 0 0 0 0 0 0 0 0 0 0 1 1 1 1 1 1 1 2 2 2 2 2 2 2 2 2 2 2 2 3

Quicksort (2nd)
array: 0 0 0 0 0 0 0 0 0 0 1 1 1 1 1 1 1 2 2 2 2 2 2 2 2 2 2 2 2 3
array: 0 0 0 0 0 0 0 0 0 0 1 1 1 1 1 1 1 2 2 2 2 2 2 2 2 2 2 2 2 3
```

2回目のクイックソートでは，ソート済みの配列を再びクイックソートしているため処理に時間がかかっている。適切なピボットが選択されれば，理想的には，図13-4の左のように値の大きいグループと値の小さいグループは均等な数で分割されていく，しかし，ソート済みのデータで，最大（あるいは最小）の要素を分割要素に選択した場合では，均等なグループ分けが行われず，最悪の計算量になる。図13-4の右のように再帰が深くなってしまう。

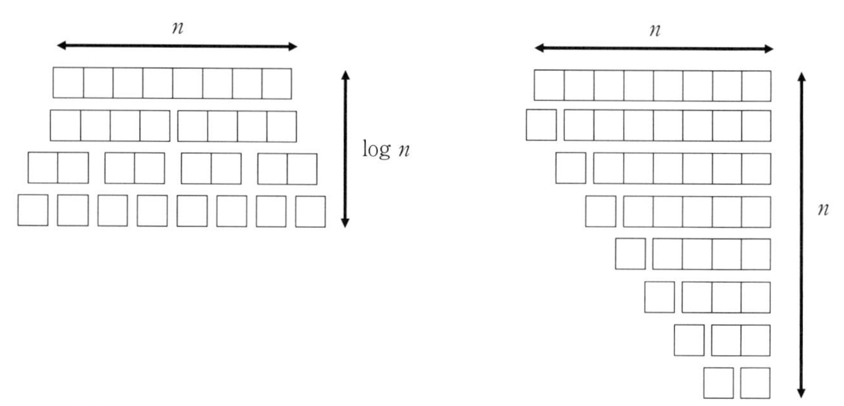


**図13-4　クイックソートのパーティション（左：最良、右：最悪）**

**（解13.8）**　コードはWeb補助教材を参考にすること。（問13.7）のコード（q13-2.c）の #define MAX 100000を100000000に変更している。コードを変更すると1億個のデータにできる。Intel Core i7-4790K（4.0GHz）で1億個の乱数をクイックソートすると約9秒であった。クイックソートでは，大量のデータを非常に高速にソートできることがわかる。

**（解13.9）**　乱数データ100,000個（10万個）をqsort関数でソートするコード。Intel Core i7-4790K（4.0GHz）で，10万個は約0.011秒，1億個は約14秒かかった。

[ q13-4.c ]

```
/* code: q13-4.c   (v1.18.00) */
#include <stdio.h>
#include <stdlib.h>
#define MAX 100000

/* ------------------------------------------ */
void print_array (int v[], int n)
{
  int i;
  printf ("array: ");
  for (i = 0; i < n; i++) {
    printf ("%d ", v[i]);
  }
  printf ("¥n");
}

/* ------------------------------------------ */
void rand_data (int v[], int n)
{
  int i;
  for (i = 0; i < n; i++) {
    v[i] = rand () % (MAX / 10);
  }
}

/* ------------------------------------------ */
int int_compare (const void *va, const void *vb)
{
  int a, b;
  a = * (int *) va;
  b = * (int *) vb;
  if (a < b) {
    return (-1);
  }
  else if (a > b) {
    return (1);
  }
  else {
    return (0);
  }
}

/* ------------------------------------------ */
int main ()
{
```

```
  int *array;

  array = malloc (sizeof (int) * MAX);

  rand_data (array, MAX);
  printf ("array size: %d¥n", MAX);
  fflush (stdout);

  print_array (array, 10);
  qsort (array, MAX, sizeof (int) , int_compare);
  print_array (array, 10);

  free (array);

  return 0;
}
```

[出力]

```
array size: 100000
array: 9383 886 2777 6915 7793 8335 5386 492 6649 1421
array: 0 0 0 0 0 0 1 1 1 1
```

（解13.10） qsort関数を利用してアルファベット文字列が入った配列をソートするコードの例。辞書式順序で比較。

[ q13-5.c ]

```
/* code: q13-5.c   (v1.18.00) */
#include <stdio.h>
#include <stdlib.h>
#include <string.h>

/* ------------------------------------------ */
int cmp_string (const void *p1, const void *p2)
{
  return strcmp (*(char *const *) p1, *(char *const *) p2);
}

/* ------------------------------------------ */
void print_str_array (char *v[], int n)
```

```
{
  int i;
  printf ("array: ");
  for (i = 0; i < n; i++) {
    printf ("%s ", v[i]);
  }
  printf ("¥n");
}

/* ---------------------------------------- */
int main ()
{
  char *array[7] = {
    "Sunday", "Monday", "Tuesday",
    "Wednesday", "Thursday", "Friday", "Saturday",
  };
  print_str_array (array, 7);
  qsort (array, 7, sizeof (char *) , cmp_string);
  print_str_array (array, 7);
  return 0;
}
```

[出力]

```
array: Sunday Monday Tuesday Wednesday Thursday Friday Saturday
array: Friday Monday Saturday Sunday Thursday Tuesday Wednesday
```

# 14 ヒープ

**《目標とポイント》** ヒープはツリーの一種であり，ノードの挿入と削除を高速に行うことができる。本章ではヒープの基本的な仕組みについて学ぶ。また，ヒープを応用した優先度付きキューとヒープソートについて学習する。
**《キーワード》** ヒープ，ヒープ条件，挿入，削除，ヒープと配列，優先度付きキュー，ヒープソート

## 1. ヒープの仕組み

ヒープ（heap）は，ツリーに基づくデータ構造である。ヒープのツリーは，全ての葉ノードが同じ高さとなる完全二分木（complete binary tree）の状態であるか，あるいは，最下段のノードが左から右へ埋まっている状態でなくてはならない。そして，ヒープの各ノードは，ヒープ条件（heap condition）と呼ばれる条件を満たしている必要がある。図14-1のような，最大ヒープ（max-heap）では，親ノードの値は子ノードの値より常に大きいか等しくなるという条件を満たしている。図14-2のような，最小ヒープ（min-heap）では，親ノードの値は子ノードの値より常に小さいか等しくなるという条件を満たしている。

図14-1の最大ヒープの例をみると，親ノードの値が2つの子ノードの値より大きいか等しいという条件が，全てのノードに対して維持されている。なお，重要な点として，最大ヒープでは，ルートノードは常に最

大値になっている。そして，最小ヒープでは，ルートノードは常に最小値になっている。

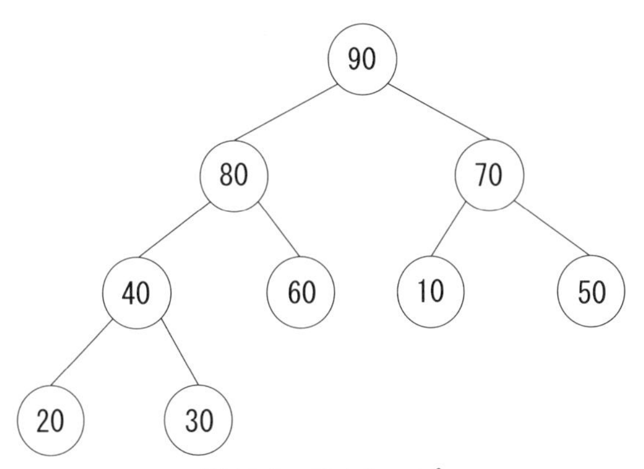

**図14-1　最大ヒープ**

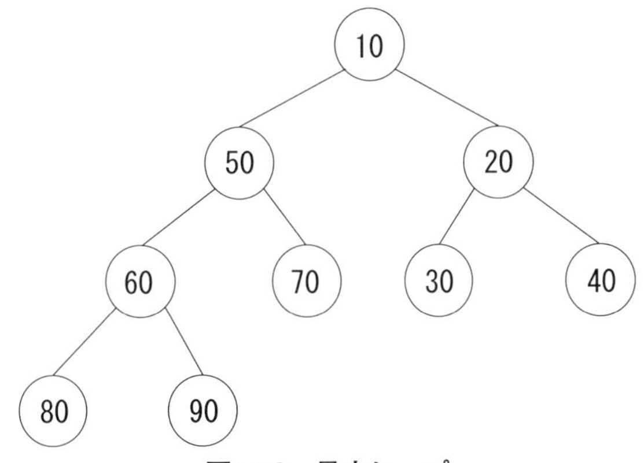

**図14-2　最小ヒープ**

ヒープにはいくつかの種類があり，バイナリヒープ（binary heap），フィボナッチヒープ（Fibonacci heap），d-aryヒープ（d-ary heap）等がある。一般的には，単にヒープというとバイナリヒープのことを示す。

（なお，本章のデータ構造を示すヒープと同じ読み方で，動的に確保されるメモリ領域のヒープメモリと呼ばれるものがあるが，これは別のものであり直接の関係はない。）

## 2. ヒープの操作

ヒープにはノードの挿入と削除の2つの重要な操作がある。

### 2.1 挿入

最大ヒープのノード挿入について考える。ヒープに新たなノードの挿入を行うアルゴリズムは以下のステップとなる。これは，シフトアップ（shift-up）と呼ばれる操作である。

① 挿入ノードをヒープの最下段で，ヒープ終端の空いている場所に追加する。
② ヒープ条件を満たすように葉ノードからルートノードに向けて値を交換していく。

図14-3に最大ヒープへのノード挿入の例を示す。

ヒープの最下段に空きがない場合には，ヒープの深さを1つ多くして，ヒープの終端の空いている場所にノードを追加していく。なお，この最大ヒープへのノード挿入例では，挿入したノードがヒープに存在するどのノードよりも大きい100であったので，ルートノードまでノード交換が行われた。

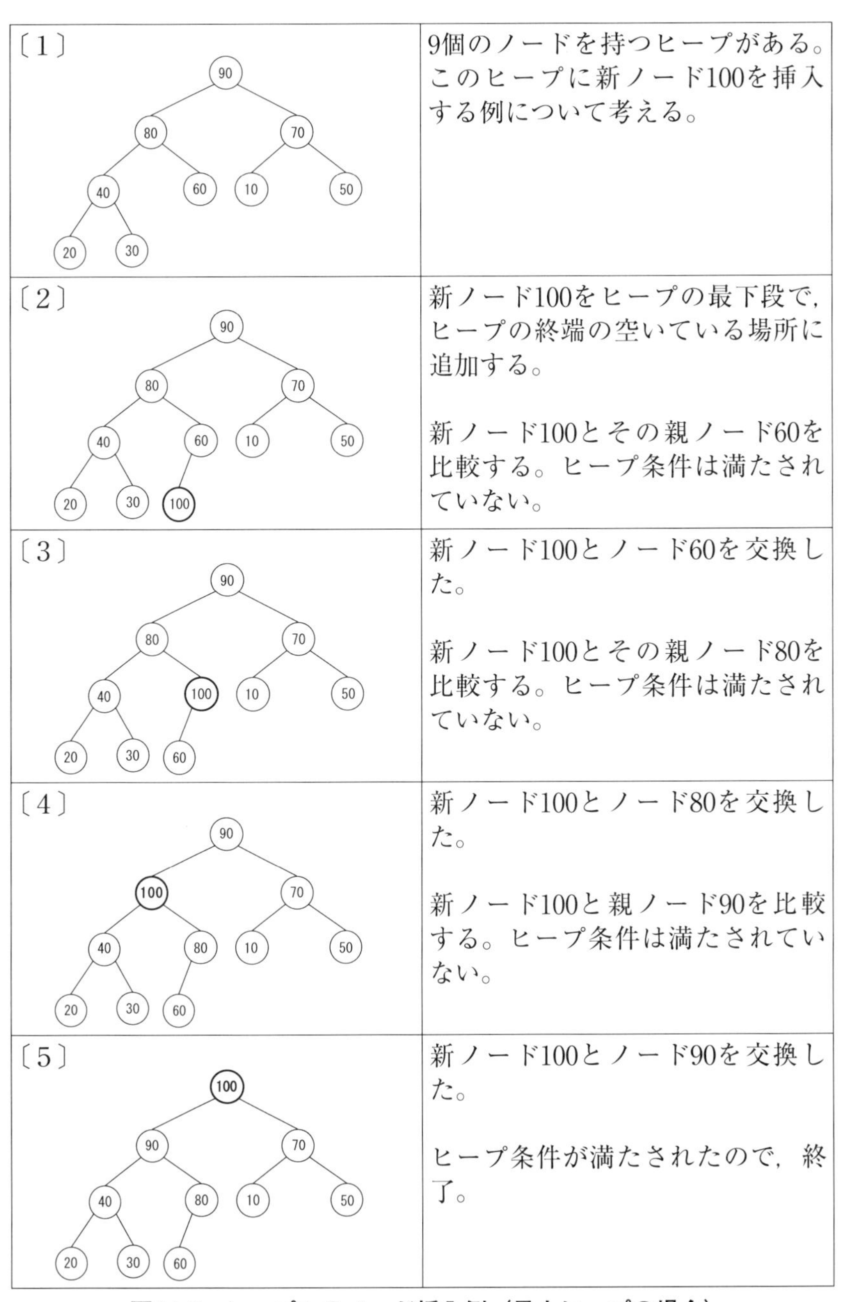


**図14-3　ヒープへのノード挿入例（最大ヒープの場合）**

ヒープへのノード挿入は，ヒープの葉ノードからルートノードの方向に向かって行われる。つまり，ヒープをバイナリツリーで実装した場合，$n$個のノードを持つバイナリツリーの高さは，約$\log_2 n$となり，親ノードと子ノードの交換の可能性は2分の1と仮定すると，交換の回数は，$0.5 \times \log_2 n$となる。よって，定数係数0.5を省いた表記により，ノード挿入の平均の計算量は，$O(\log n)$となる。したがって，ヒープへのノード挿入は高速である。ただし，ヒープ最下段のヒープ終端の空いている場所を探す操作は，単純なバイナリツリーで実装すると，O(n)となるため「threaded binary tree」等の利用が必要である。

## 2.2　削除（ルートノードの削除）

以下はヒープからルートノードを削除するアルゴリズムのステップである。これは，シフトダウン（shift-down）と呼ばれる操作である。

① ヒープ終端のノードをルートノードに移動する。
② ヒープ条件を満たすようにルートノードから葉ノードに向けて値を交換していく。

図14-4は，最大ヒープからルートノード削除を行った例である。

最大ヒープの場合，ノードの交換過程では，より大きい子ノードと交換される。最小ヒープならば，より小さい子ノードと交換される。ノードの削除に関する操作の平均計算量はノード挿入と同じで，$O(\log n)$となりルートノードの削除も高速である。

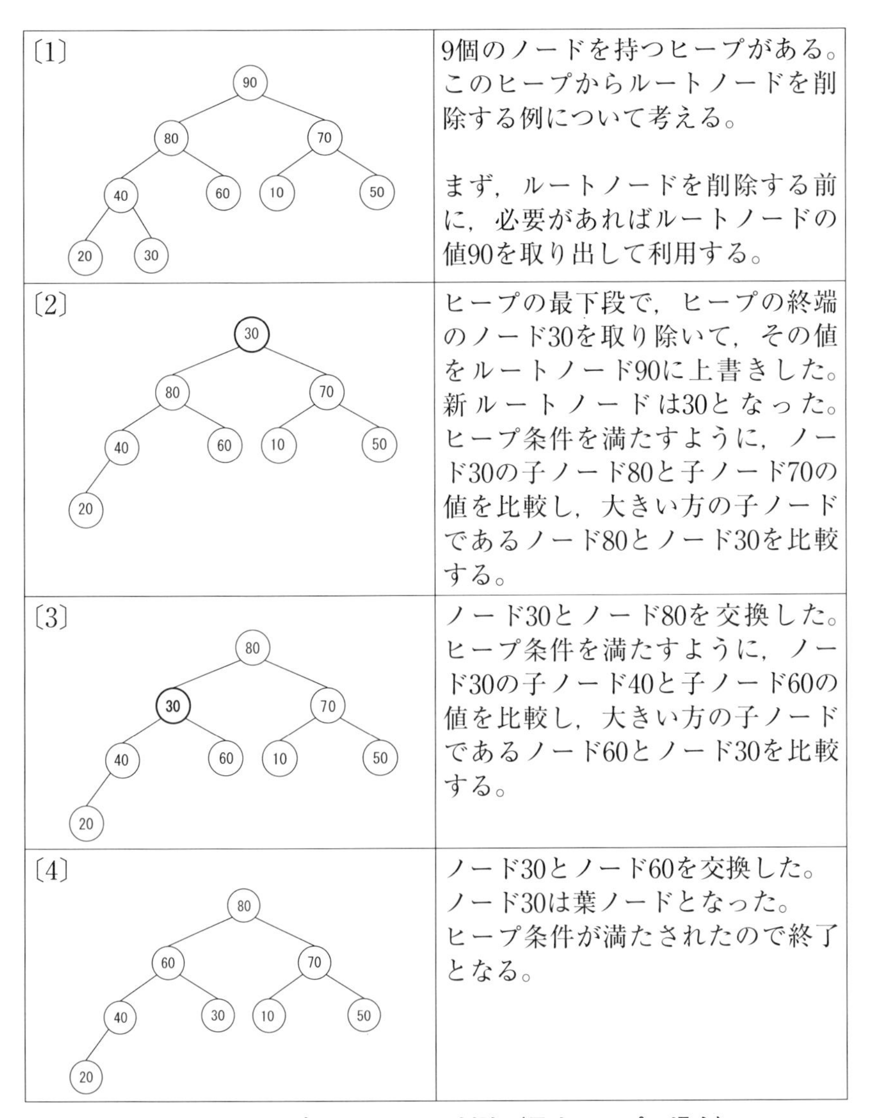


**図14-4　ヒープからのノード削除（最大ヒープの場合）**

### 2.3　最大値・最小値の参照

ヒープの条件から，最大ヒープであれば，ルートノードは最大値であり，最小ヒープであれば，ルートノードは最小値である。ルートノードの挿入や削除といった操作を行わずに，値の参照だけであれば，ルートノードの値を見るだけなので，最大ヒープにおける最大値の参照と最小ヒープにおける最小値の参照は，それぞれ計算量O(1)となり高速である。

### 2.4　ヒープと配列

ヒープのツリー形状は完全二分木の状態であるため，実装するときは配列が使われることも多い。これは，配列でツリーを実装しても配列の要素が規則正しく埋まり，配列が虫食い状態にならずにメモリを有効に活用できるからである。また，配列の添字を使って，任意のノードへ高速にアクセスできる利点もある。あるノードの親ノードや子ノードが保存されている添字の計算も簡単である。

図14-5は，ヒープとそれに対応した配列を示したものである。この配列は1からスタートする例である。ヒープの各ノードの右側の数値が配列の添字に対応している。例えば，添字$k$のノードにおける左の子ノードの添字は$2k$となる。右の子ノードの添字は$2k+1$となる。親ノードの添字は$k \div 2$となる。なお，通常$k \div 2$の計算は，$\mathrm{floor}(k \div 2)$で計算される。(floorは床関数で，実数$x$に対して$x$以下の最大の整数と定義される。)

例えば，図14-5で添字$k=2$のノードを考えると，左の子ノードの添字は$2 \times 2 = 4$となる。右の子ノードの添字は$2 \times 2 + 1 = 5$となる。親ノードの添字は$\mathrm{floor}(2 \div 2) = 1$となる。

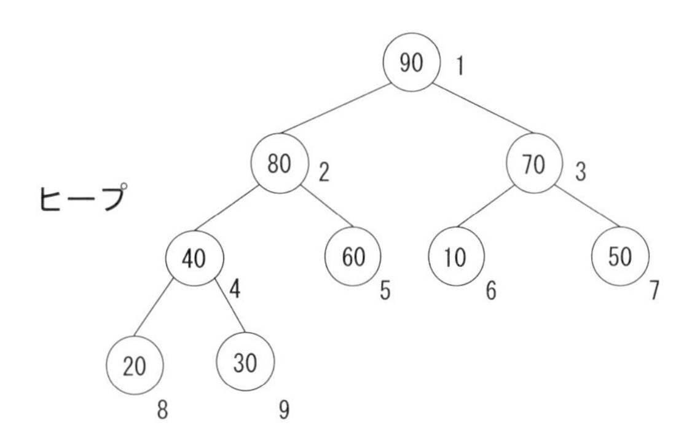


| 配列 | - | 90 | 80 | 70 | 40 | 60 | 10 | 50 | 20 | 30 | - | - | - | - | - | - |
|---|---|---|---|---|---|---|---|---|---|---|---|---|---|---|---|---|
| 添字 | 0 | 1 | 2 | 3 | 4 | 5 | 6 | 7 | 8 | 9 | 10 | 11 | 12 | 13 | 14 | 15 |

| 左の子ノード | $2k$ |
|---|---|
| 右の子ノード | $2k+1$ |
| 親ノード | $k \div 2$ |

**図14-5　ヒープと配列と添字の計算式（配列の添字が1からスタートする場合）**[†1]

図14-6は，配列の添字が0からスタートする場合の添字の計算式である。この場合，図14-5のヒープの各ノードの右側の数値は1つ小さな値になる。なお，添字が1からスタートする場合よりも，左の子ノードの添字の計算における加算，親ノードの添字の減算が増えることから，配列の添字が0からスタートするプログラミング言語の場合でも，添字0位置の配列を使用しない実装が好まれる場合もある。親ノードの計算には，floor$((k-1) \div 2)$ を利用する。

†1：親ノードの添字の計算には床関数（floor関数など）を利用する。

| 左の子ノード | $2k+1$ |
| --- | --- |
| 右の子ノード | $2k+2$ |
| 親ノード | $(k-1) \div 2$ |

**図14-6　添字の計算式（配列の添字が0からスタートする場合）**[†1]

## 3. ヒープの応用

様々なデータ構造やアルゴリズムでヒープは利用される。例えば，ヒープが持つ特徴を応用することによって，3章で述べた優先度付きキュー（priority queue），ヒープソート（heap sort）などを実現することができる。

### 3.1　優先度付きキュー

優先度付きキューは，優先度が考慮されたキューの一種である。通常の単純なキューでは，最初に挿入された要素が最初に取り出され，最後に挿入された要素が最後に取り出される。しかし，優先度付きキューでは，優先度の最も高い要素が最初に取り出され，優先度の最も低い要素が最後に取り出される。

ヒープで優先度付きキューを実現するには，エンキュー（挿入）の操作でデータをヒープへ挿入する。デキュー（削除，取り出し）の操作では，ヒープの中から優先度が最も高いデータであるルートノードの値を取り出すとともに，ルートノードを削除する。

優先度付きキューは，配列や連結リストなどを用いて実装できるが，ヒープを使った実装が好まれるのは，ヒープを使えば，データの挿入と削除が共に計算量$O(\log n)$で実現できるからである。

コード14.1はヒープを利用した優先度付きキューのコード例である。なお，このコードの実装例では配列はmalloc関数で動的に確保している。

「c14-1.c」

```
/* code: c14-1.c   (v1.18.00) */
#include <stdio.h>
#include <stdlib.h>
#define MAX_PQ_SIZE 128
#define NODE_PARENT(x) ((x - 1) / 2)
#define NODE_LEFT(x) (2 * x + 1)
#define NODE_RIGHT(x) (2 * x + 2)

struct node
{
  int priority;
  char data[32];
};
typedef struct node NODE;

struct p_queue
{
  int size;
  NODE *elm;
};
typedef struct p_queue P_QUEUE;

/* ---------------------------------------- */
void pq_node_swap (NODE * n1, NODE * n2)
{
  NODE node_temp;
  node_temp = *n1;
  *n1 = *n2;
  *n2 = node_temp;
}

/* ---------------------------------------- */
P_QUEUE pq_init (int size)
{
  P_QUEUE pq;
  pq.size = 0;
  pq.elm = malloc (size * sizeof (NODE));
  return pq;
```

```
}

/* ---------------------------------------- */
void pq_delete_all (P_QUEUE * pq)
{
  free (pq->elm);
}

/* ---------------------------------------- */
void pq_display (P_QUEUE * pq)
{
  int i;
  for (i = 0; i < pq->size; i++) {
    printf ("heap    (%d) (%s)¥n",
 pq->elm[i].priority, pq->elm[i].data);
  }
}

/* ---------------------------------------- */
void pq_heapify (P_QUEUE * pq, int i)
{
  int max;
  max = ((NODE_LEFT (i) < pq->size)
         && (pq->elm[NODE_LEFT (i)].priority >
             pq->elm[i].priority)) ? NODE_LEFT (i) : i;

  if ((NODE_RIGHT (i) < pq->size)
      && (pq->elm[NODE_RIGHT (i)].priority
 > pq->elm[max].priority)) {
    max = NODE_RIGHT (i);
  }
  if (max != i) {
    pq_node_swap (&(pq->elm[i]), &(pq->elm[max]));
    pq_heapify (pq, max);
  }
}

/* ---------------------------------------- */
void pq_enqueue (P_QUEUE * pq, int priority, char *data)
{
  NODE node;
  int i;

  node.priority = priority;
  sprintf (node.data, "%s", data);
  printf ("enqueue (%2d)(%s)¥n", node.priority, node.data);
  i = (pq->size)++;
```

```
  while (i && node.priority > pq->elm[NODE_PARENT (i)].priority) {
    pq->elm[i] = pq->elm[NODE_PARENT (i)];
    i = NODE_PARENT (i);
  }
  pq->elm[i] = node;
}

/* ---------------------------------------------- */
void pq_dequeue (P_QUEUE * pq)
{
  if (pq->size) {
    printf ("dequeue (%2d)(%s)¥n",
 pq->elm[0].priority, pq->elm[0].data);
    pq->elm[0] = pq->elm[--(pq->size)];
    pq->elm = realloc (pq->elm, pq->size * sizeof (NODE));
    pq_heapify (pq, 0);
  }
  else {
    printf ("priority queue is empty¥n");
  }
}

/* ---------------------------------------------- */
int main ()
{
  P_QUEUE pq;
  int i;

  pq = pq_init (MAX_PQ_SIZE);
  pq_enqueue (&pq, 40, "grape");
  pq_enqueue (&pq, 30, "pear");
  pq_enqueue (&pq, 10, "banana");
  pq_enqueue (&pq, 20, "watermelon");
  pq_enqueue (&pq, 50, "apple");
  pq_enqueue (&pq, 60, "lemon");
  pq_display (&pq);
  for (i = 0; i < 7; i++) {
    pq_dequeue (&pq);
  }
  pq_delete_all (&pq);

  return 0;
}
```

「出力」

```
enqueue (40)(grape)
enqueue (30)(pear)
enqueue (10)(banana)
enqueue (20)(watermelon)
enqueue (50)(apple)
enqueue (60)(lemon)
heap    (60) (lemon)
heap    (40) (grape)
heap    (50) (apple)
heap    (20) (watermelon)
heap    (30) (pear)
heap    (10) (banana)
dequeue (60)(lemon)
dequeue (50)(apple)
dequeue (40)(grape)
dequeue (30)(pear)
dequeue (20)(watermelon)
dequeue (10)(banana)
priority queue is empty
```

**コード14.1：ヒープを利用した優先度付きキューの例**

## 3.2　ヒープソート

12章，13章ではソート手法について述べた。ヒープソート（heap sort）もソート手法の1つである。ヒープソートの仕組みは，図14-7のように（1）データの挿入と（2）データの削除という2段階のステップに分けて考えることができる。

（1）すべてのデータをヒープに挿入する。

（2）ルートノードから最大値(または最小値)となるデータを取り出し，ソート済みのリストに順番に追加する。この操作を，すべてのデータを取り出すまで繰り返す。

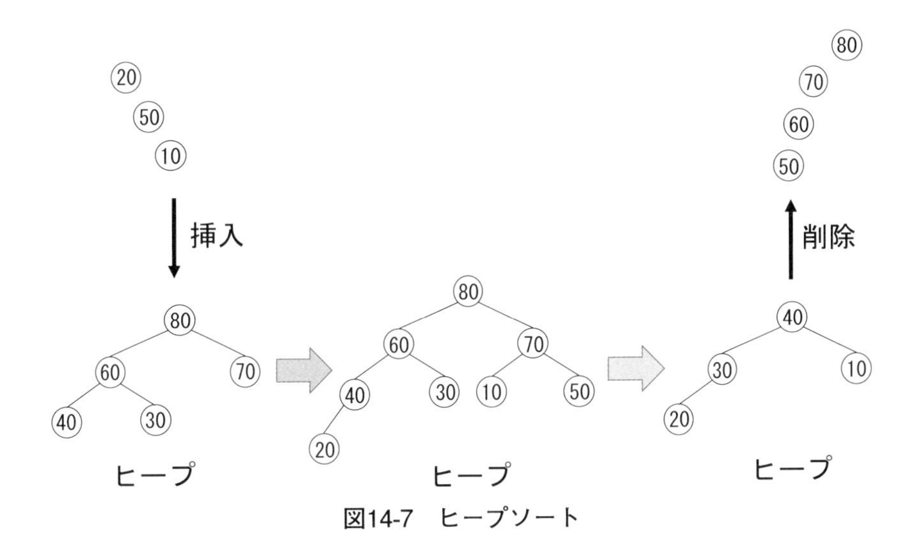


図14-7　ヒープソート

この2つのステップの操作は，それぞれヒープへのノード挿入とノード削除の操作である。データが$n$個ある場合は，計算量O($n$ log $n$)となり，これはクイックソートと同じ計算量で，高速なソート手法であるといえる。しかし，実際には，ヒープのノードを適正位置に補正する作業などがあるため，計算量としては定数係数が大きくなるので，クイックソートよりは遅くなる。前章の（問13.8）と（問14.8）を参照。

単純な実装のクイックソートの場合，ソート前のデータの並び方の影響を受けてソート済みのデータでは遅くなってしまう。しかし，ヒープソートでは，ソート前のデータの並び方の影響を受けないという利点がある。なお，ヒープソートは安定なソートではない。

図14-8は，5つの整数データをヒープソートする例である。ソートが進む過程での，ヒープと配列の状態を示している。同じ1つの配列で，未ソートのデータ，ヒープのデータ，ソート済みのデータが格納されて

いる。配列の右側からソート済みのデータが並んでいく。

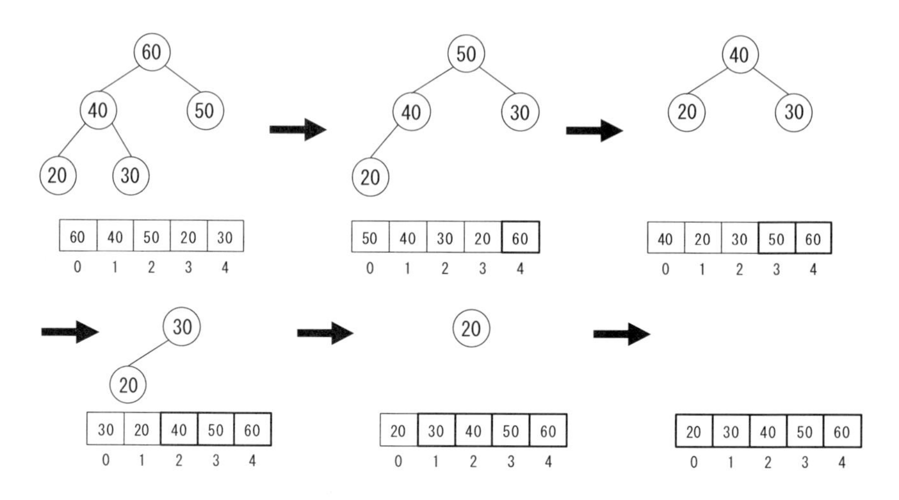


**図14-8　ヒープソートの過程と配列**

ソートの過程では，ヒープの最大値となっているルートノードが削除され，ソート済みの配列に記録される。そして，ルートノードの削除でヒープ条件が満たされない場合は，ヒープが再構築される。この操作を，ヒープのノードが無くなるまで繰り返す。コード14.2は，ヒープソートの例である。

「c14-2.c」

```
/* code: c14-2.c   (v1.18.00) */
#include <stdio.h>
#include <stdlib.h>

/* ---------------------------------------- */
void print_array (int v[], int n)
{
  int i;
```

```
  printf ("array: ");
  for (i = 0; i < n; i++) {
    printf ("%02d ", v[i]);
  }
  printf ("¥n");
}

/* ---------------------------------------- */
int heap_max (int *v, int n, int i, int j, int k)
{
  int max;

  max = i;
  if ((j < n) && (v[j] > v[max])) {
    max = j;
  }
  if ((k < n) && (v[k] > v[max])) {
    max = k;
  }
  return max;
}

/* ---------------------------------------- */
void downheap (int *v, int n, int i)
{
  int left, right, j, temp;
  while (1) {
    left = 2 * i + 1;
    right = 2 * i + 2;
    j = heap_max (v, n, i, left, right);
    if (j == i) {
      break;
    }
    temp = v[i];
    v[i] = v[j];
    v[j] = temp;
    i = j;
  }
}

/* ---------------------------------------- */
void heapsort (int *v, int n)
{
  int i, temp;
  for (i = (n - 2) / 2; i >= 0; i--) {
    downheap (v, n, i);
  }
```

```
  for (i = 0; i < n; i++) {
    temp = v[n - i - 1];
    v[n - i - 1] = v[0];
    v[0] = temp;
    downheap (v, n - i - 1, 0);
  }
}

/* ---------------------------------------- */
int main ()
{
  int array[10]
  = { 80, 40, 30, 20, 10, 00, 70, 90, 50, 60 };

  print_array (array, 10);
  heapsort (array, 10);
  print_array (array, 10);

  return 0;
}
```

「出力」

```
array: 80 40 30 20 10 00 70 90 50 60
array: 00 10 20 30 40 50 60 70 80 90
```

**コード14.2：ヒープソートの例**

## 演習問題

(問14.1)　最大ヒープにおける，ヒープ条件について答えなさい。

(問14.2)　ヒープへのノード挿入とノード削除の計算量について答えなさい。優先度付きキューをヒープで実装する利点について，エンキューとデキューの計算量の観点から述べなさい。

(問14.3)　以下のデータを順番に挿入してヒープ（最大ヒープ）を構築しなさい。10，80，60，50

(問14.4)　ヒープソートの計算量，安定性について述べなさい。

(問14.5)　ソート前のデータの並びの状態によって，ヒープソートとクイックソートでは，計算量にどのような違いがあるか述べなさい。

(問14.6)　以下に3つの配列がある。配列で実装されたヒープ（最大ヒープ）として適切なものはどれか答えなさい。ただし，最大ヒープで，添字$k$のノードにおける左の子ノードの添字は$2k$，右の子ノードの添字は$2k+1$となるものとする。

| データA | 19 | 15 | 10 | 12 | 16 | 8 | 4 |
|---|---|---|---|---|---|---|---|
| 添字 | 1 | 2 | 3 | 4 | 5 | 6 | 7 |

| データB | 19 | 16 | 10 | 15 | 12 | 3 | 8 |
|---|---|---|---|---|---|---|---|
| 添字 | 1 | 2 | 3 | 4 | 5 | 6 | 7 |

| データC | 17 | 14 | 6 | 13 | 10 | 1 | 8 |
|---|---|---|---|---|---|---|---|
| 添字 | 1 | 2 | 3 | 4 | 5 | 6 | 7 |

（問14.7） コード14.2を変更し，乱数データ100,000個（10万個）をヒープソートするコードを作成しなさい。そして，コードの実行にどの程度の時間がかかるのか調べなさい。

（問14.8） コード14.2を変更し，乱数データ100,000,000個（1億個）をヒープソートするコードを作成しなさい。そして，コードの実行にどの程度の時間がかかるのか調べなさい。

（問14.9） （問14.8）で作成したコードに時間を計測する命令を入れてヒープソートにかかる時間を調べなさい。時間を測るには，time, clock, gettimeofdayといった関数が利用できる。ただし，これらの時間に関する関数はコンパイラやオペレーティングシステムに依存するので利用にあたっては注意すること。

**解答例**

（解14.1） 最大ヒープ（max-heap）では，親ノードの値は子ノードの値より常に大きいか等しくなる。

（解14.2） ヒープへのノード挿入とノード削除は計算量O($\log n$)である。ヒープでは，データの挿入と削除が共に計算量O($\log n$)であり，優先度付きキューのエンキューとデキューが高速に実装できる。

(解14.3)　ヒープの構築方法には，トップダウン方式とボトムアップ方式がある。以下はトップダウン方式である。ノードを1個ずつ挿入していく。それに対して，ボトムアップ方式では，全てのノードを挿入した後で，ノードの値に基づいて位置の補正を行う。

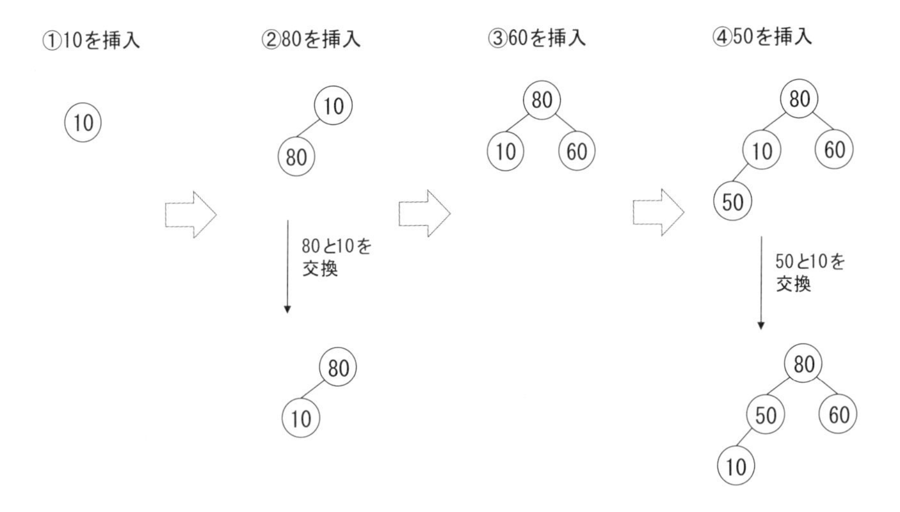


(解14.4)　ヒープソートは，最良，最悪，平均の計算量がO($n\log n$)である。安定なソートではない。ただし，派生版のヒープソートには安定なソートを実現しているヒープソートもある。

(解14.5)　クイックソートは平均の計算量O($n\log n$)であるが，ソート前のデータの並び方によっては，計算量O($n^2$)になる。それに対して，ヒープソートは常に計算量O($n\log n$)である。(ただし，これは単純なクイックソートの場合で，ピボット選択アルゴリズムなどを改良したクイックソートでは，計算量O($n^2$) にはならない。)

ビッグ・オー記法では，定数項部分の計算が省略表記のため，ヒープソートとクイックソートは，平均の計算量$O(n \log n)$となり同じであるが，一般的にヒープソートの方がクイックソートよりも数倍程度遅い。

（解14.6）　データBの配列だけがヒープとして適切である。配列データからヒープのツリーを作成するとわかりやすい。最大ヒープ（max-heap）では，親ノードの値は子ノードの値より常に大きいか等しくなるという条件を満たしている。データAとデータCはこの条件を満たさない。

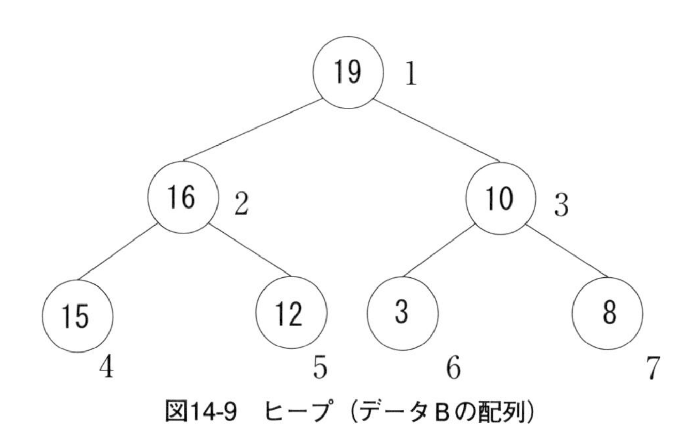

図14-9　ヒープ（データBの配列）

（解14.7）　乱数データ100,000個（10万個）をヒープソートするコード。Intel Core i7-4790K（4.0GHz）で10万個の乱数をソートすると約0.009秒であった。非常に高速である。

「q14-1.c」（コードの一部）

```
#define MAX 100000
/* ------------------------------------------ */
```

```
void rand_data (int v[], int n)
{
  int i;
  for (i = 0; i < n; i++) {
    v[i] = rand () % (MAX / 10);
  }
}

/* ------------------------------------------ */
int main ()
{
  int *array;

  array = malloc (sizeof (int) * MAX);

  rand_data (array, MAX);
  print_array (array, 20);
  heapsort (array, MAX);
  print_array (array, 20);

  free (array);
  return 0;
}
```

「出力」

```
array: 9383 886 2777 6915 7793 8335 5386 492 6649 1421 2362 27
8690 59 7763 3926 540 3426 9172 5736
array: 0 0 0 0 0 0 1 1 1 1 1 1 1 1 2 2 2 2 2 2
```

（解14.8）　乱数データ100,000,000個（1億個）をヒープソートするコード。解14.7のコードを「#define MAX 100000000」に変更すればよい。Intel Core i7-4790K（4.0GHz）で1億個の乱数をソートすると約1分10秒であった（実装が甘くやや遅い）。

（解14.9）　乱数データ100,000,000個（1億個）をヒープソートするコード。clockを利用した場合の例。これはCPU時間計測しているので，実際の時間を計測する場合は，gettimeofdayなどを利用した方が良いであろう。「q14-3.c」と「q14-4.c」の計測時間が異なることに注意。なお，出力はLinux（Fedora 24 x86_64）のgccを利用した結果の例である。ヘッダファイル「time.h」，「sys/time.h」などが必要である。全体のコードはWeb補助教材を参照すること。

「q14-3.c」（コードの一部）

```
#define MAX 100000000

/* ------------------------------------------ */
int main ()
{
  int *array;
  clock_t start, end;
  double elapsed_in_seconds;

  array = malloc (sizeof (int) * MAX);
  rand_data (array, MAX);
  print_array (array, 20);

  start = clock ();
  heapsort (array, MAX);
  end = clock ();

  print_array (array, 20);

  elapsed_in_seconds = (end - start) / (double) CLOCKS_PER_SEC;
  printf ("%lf seconds¥n", elapsed_in_seconds);
  free (array);
  return 0;
}
```

「出力」

```
array: 4289383 6930886 1692777 4636915 7747793 4238335 9885386
9760492 6516649 9641421 5202362 490027 3368690 2520059 4897763
7513926 5180540 383426 4089172 3455736
array: 0 0 0 0 0 0 0 0 0 0 0 1 1 1 1 1 1 1 1 1
72.988011 seconds
```

以下はgettimeofdayなどを利用したコードの例。

「q14-4.c」（コードの一部）

```
#define MAX 100000000

/* ---------------------------------------- */
int main ()
{
  int *array;
  struct timeval start, end;
  double elapsed_in_seconds;

  array = malloc (sizeof (int) * MAX);
  rand_data (array, MAX);
  print_array (array, 20);

  gettimeofday (&start, NULL);
  heapsort (array, MAX);
  gettimeofday (&end, NULL);

  print_array (array, 20);

  elapsed_in_seconds = difftime (end.tv_sec, start.tv_sec) +
    difftime (end.tv_usec, start.tv_usec) / 1000000.0;
  printf ("%lf seconds¥n", elapsed_in_seconds);
  free (array);
  return 0;
}
```

「出力」

```
array: 4289383 6930886 1692777 4636915 7747793 4238335 9885386
9760492 6516649 9641421 5202362 490027 3368690 2520059 4897763
7513926 5180540 383426 4089172 3455736
array: 0 0 0 0 0 0 0 0 0 0 0 1 1 1 1 1 1 1 1 1
75.910273 seconds
```

# 15 グラフ

**《目標とポイント》** グラフのデータ構造について学習する。グラフに関する用語と意味，そして，コンピュータにおけるグラフの表現方法，深さ優先探索（DFS），幅優先探索（BFS）のグラフ探索アルゴリズムについて学ぶ。
**《キーワード》** 頂点，辺，隣接，パス，隣接リスト，隣接行列，深さ優先探索（DFS），幅優先探索（BFS）

## 1. グラフ

グラフ（graph）は応用範囲の広いデータ構造であり，グラフ理論（graph theory）は，古くから数学や計算機科学などの分野で研究されてきた学問である。グラフは，頂点（単数の場合はvertex; 複数の場合はvertices）と辺（edge；エッジ；へん）を使って表現される[†1]。なお，ツリー構造を示すときのように，頂点はノード（node）とも呼ばれる

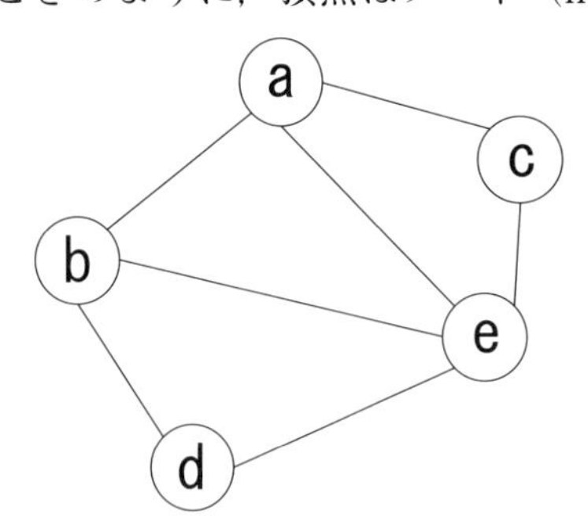

図15-1　グラフの例（5個の頂点と7個の辺）

†1：このため，数学，グラフ理論，データ構造，アルゴリズム等の文献では，頂点はV，辺はEの記号を用いて表現されることが多い。

こともある。グラフを表現するには，図15-1のように，頂点は円で，頂点の間を結ぶ辺は線で表現される。

### 1.1　隣接した頂点

1つの辺の両端にある頂点は隣接（adjacent）しているという。図15-2のグラフの例では，頂点aと頂点bが隣接している。同様に頂点aと頂点c，頂点aと頂点d，頂点cと頂点dが隣接している。

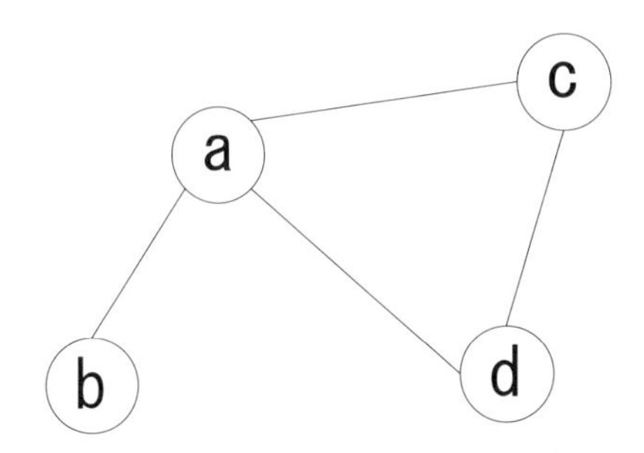


図15-2　グラフの例（4個の頂点と4個の辺）

### 1.2　パス

ある頂点から別の頂点へ至る連続する辺のことをパス（path）と呼ぶ。図15-3の例では，頂点aから頂点dへ至るパスの1つとして，パスa～b～

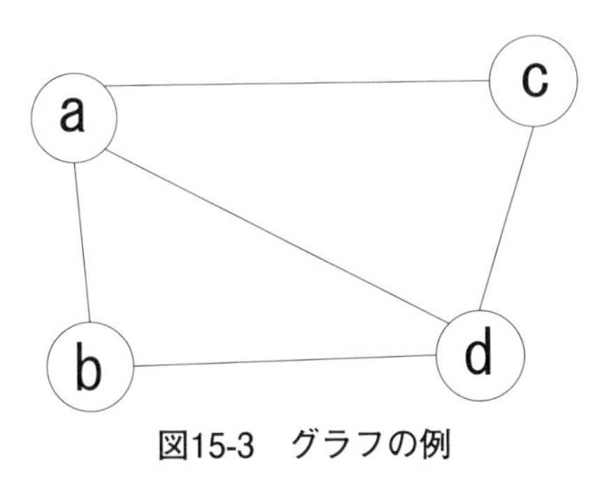


図15-3　グラフの例

dをあげることができる。なお，これ以外にも，パスa～d，パスa～c～dなど，複数のパスが存在する。

### 1.3　連結グラフ

各頂点から他の全ての頂点へのパスが1つ以上あるグラフを連結グラフ（connected graph）という。そうでないものは，非連結グラフ（disconnected graph）と呼ばれる。非連結グラフは，複数個の連結部位（connected components）と呼ばれるグラフから成り立っている。図15-4は非連続グラフの例であり，連結部位abcdと連結部位efghiの2つのグラフで構成されている。2つの連続部位をつなぐパスは存在していない。

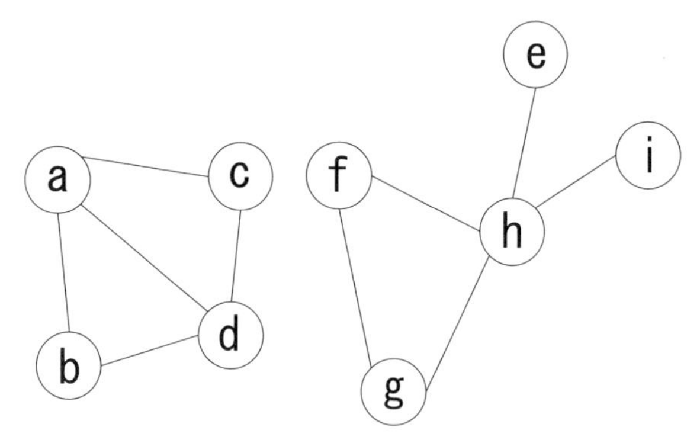


図15-4　非連結グラフの例

### 1.4　閉路グラフ

閉路グラフ（cycle graph）は，辺が連なって1つの輪になっており，1つのサイクル（cycle; 閉道）からなっているグラフである。閉路グラフではn個の頂点があるとき，辺の数も$n$個となる。閉路グラフは$c_n$と表記される。図15-5は，閉路グラフの例である。

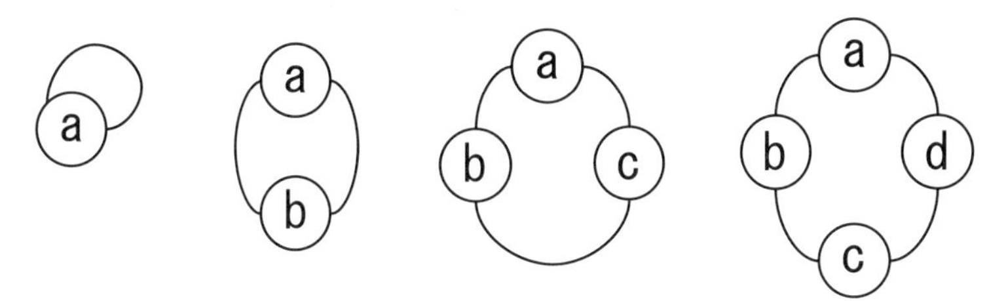


図15-5　閉路グラフの例（$c_1$，$c_2$，$c_3$，$c_4$）

### 1.5　有向グラフ

有向グラフ（directed graph）は，辺に方向性があるグラフである。頂点に接続する辺の数は次数（degree）と呼ばれる。有向グラフの場合，頂点に入ってくる辺の数を，入次数（in-degree），頂点から出ていく辺の数を出次数（out-degree）と呼ぶ。図15-6の例では，頂点bの入次数は1，出次数は2である。

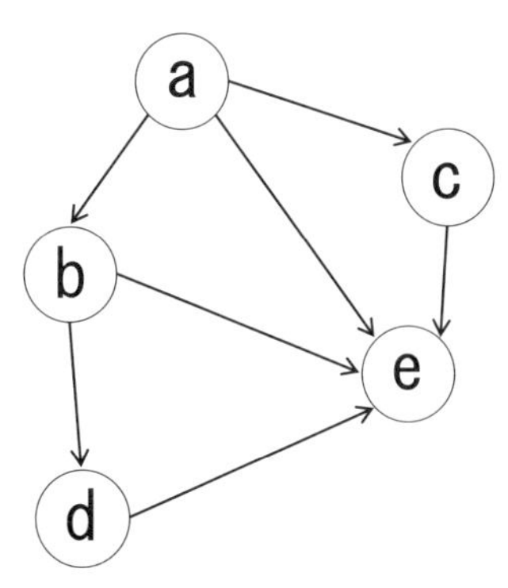


図15-6　有向グラフの例

### 1.6　重み付きグラフ

重み付きグラフ（weighted graph）は，グラフの辺に重みが付いているものである。このような重み付きグラフを使用した応用は非常に多い。重みに使われる例としては，距離，時間，費用などがある。代表的なアプリケーションとしては，カーナビゲーションシステムや駅の列車運賃を表す図などがあげられる。図15-7は重み付きグラフの例であり，各辺に重みとなる数値がある。

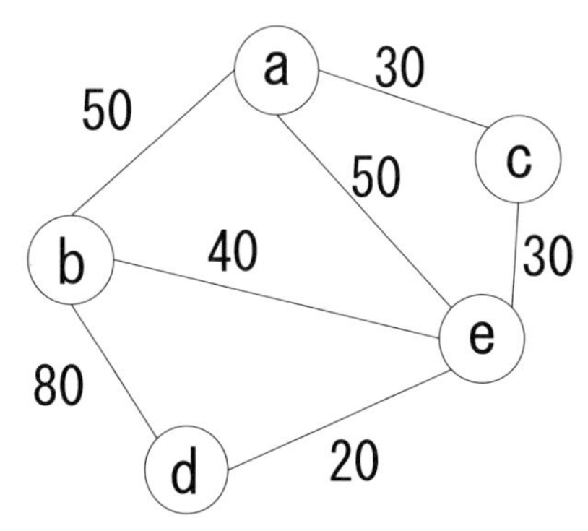


図15-7　重みつきグラフの例

### 1.7　完全グラフ

無向グラフで，全ての頂点の間に辺があるグラフを完全グラフ（complete graph）という。頂点の数を$n$とすると，辺の数は（$n\times(n-1))\div 2$となる。図15-8のように頂点数が5の完全グラフ（左）では，辺が10個となる。頂点数が4の完全グラフ（右）では，辺が6個となる。

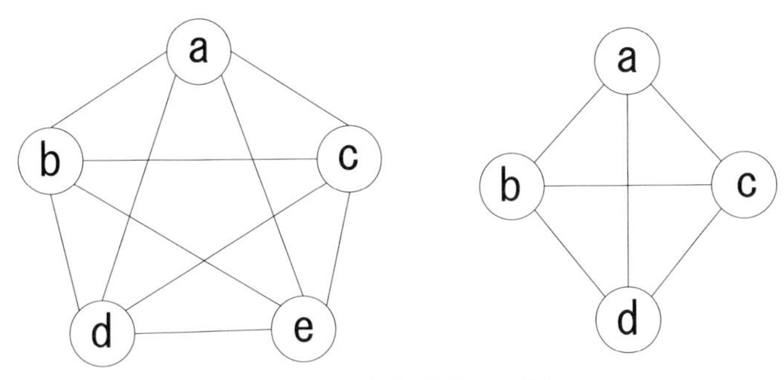


図15-8　完全グラフの例

## 2. グラフの表現

グラフは図15-1のように円や線などの図形で表現することができるが，このような図形の形式では，コンピュータのコードでは扱いにくい。そのため，しばしば使われるのが，隣接リスト（adjacency list）と隣接行列（adjacency matrix）である。

### 2.1　隣接リスト

隣接リストは，グラフの頂点と辺をリスト形式で表したものである。図15-9はグラフを隣接リストで表現したものである。隣接リストは，配列と連結リストなどを使って実装することができる。重み付きのグラフの場合には，連結リストの要素に頂点と重みの両方を保存する。無向グラフと有向グラフを表現することが可能である。

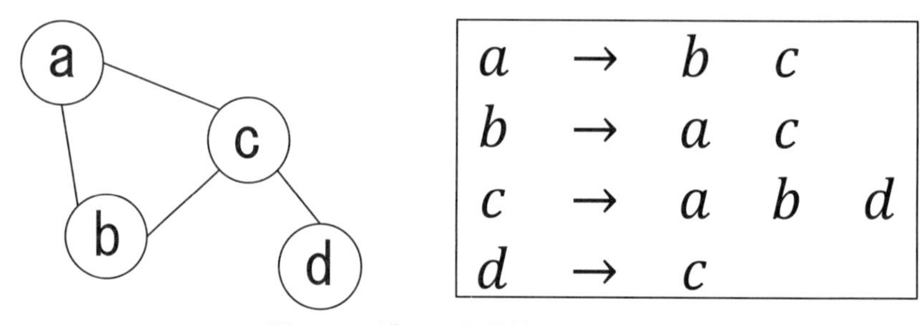


図15-9　グラフと隣接リストの例

### 2.2　隣接行列

隣接行列は，2つの頂点間に辺が有るか無いかを配列で表現したものである。無向グラフと有向グラフを表現することが可能である。図15-10と図15-11はグラフを隣接行列で表現したものである。図15-10の無向グラフの場合，隣接行列の0と1の並びが右上三角と左下三角で対称形になっている。

頂点の個数が$n$個あるとすると，隣接行列の大きさは，$n \times n$となる。したがって，頂点の追加により頂点の個数が増えれば，隣接行列のサイズも大きくなる。頂点間の隣接関係を変更するには，0と1の値を変更すればよい。なお，重み付きグラフの場合には，0と1ではなく重みの数値を使うことができる。図15-11のような有向グラフの場合，隣接行列の0と1の並びは，無向グラフの隣接行列のように対称形にならない。

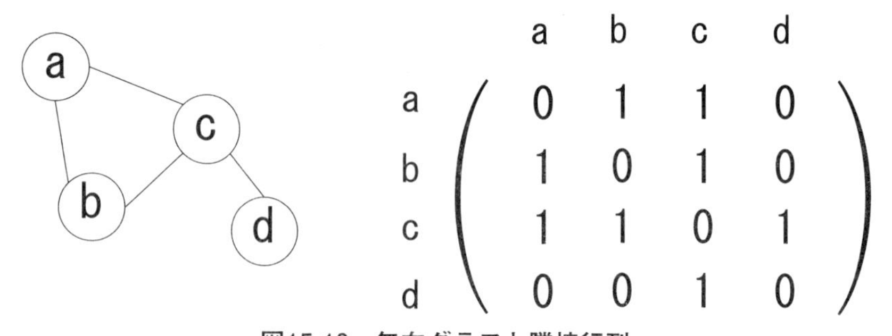


図15-10　無向グラフと隣接行列

隣接行列を2次元の配列で表現した場合，頂点間の関係が少なくなるようなグラフでも多くのメモリが必要となる。配列による表現ではなく，2次元の連結リストのようなデータ構造である，疎行列（sparse matrix；スパース・メイトリックス）を利用することでメモリを節約できるが，要素の挿入や削除などの操作を行うコードが単純な2次元の配列のコードよりも複雑になる。

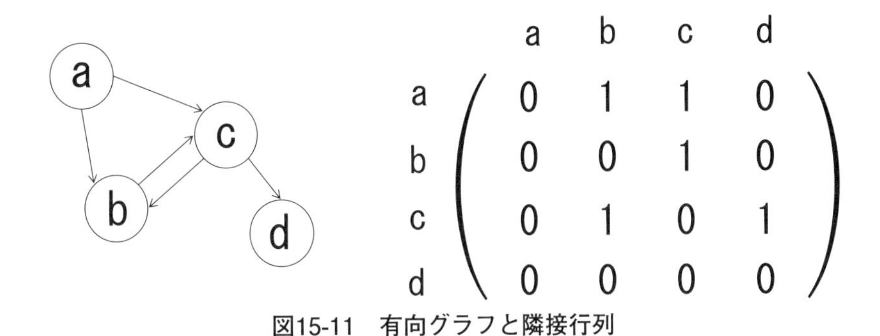


図15-11　有向グラフと隣接行列

## 3. グラフの探索

グラフの探索とは，グラフの接続情報に基づいて，全ての頂点をたどっていくことである。代表的なグラフの探索には，深さ優先探索（DFS）と幅優先探索（BFS）がある。

### 3.1　深さ優先探索（DFS）

深さ優先探索（Depth-First Search; DFS）は，頂点の接続情報に基づいて，頂点をひたすらたどっていき，先へ進めなくなった時に，後戻り（バックトラック）して，次にたどれる頂点へ進んでいく方法である。この後戻りを実現するために，深さ優先探索ではスタックや再帰が使われる。スタックを利用した深さ優先探索の概要は以下の通りである。

① 未訪問の頂点があれば，その頂点を訪ねる。頂点には訪問済みの印をつける。頂点をスタックにプッシュする。
② ステップ①ができないときは，スタックに頂点があれば，それをポップする。スタックの頂上に頂点があれば，その頂点へ移動する。
③ ステップ①とステップ②の操作ができないときは終了する。

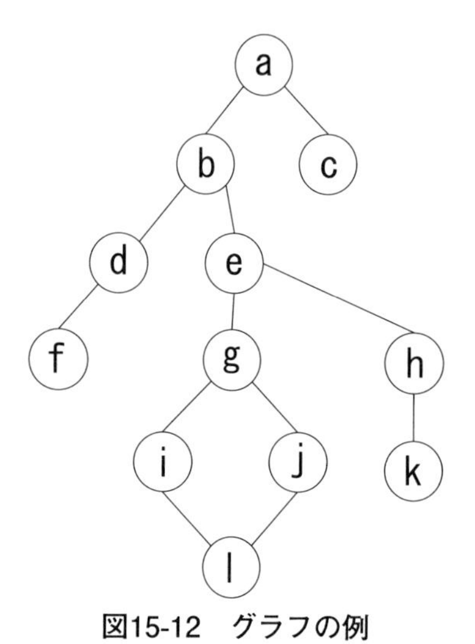


図15-12　グラフの例

図15-12は，12個の頂点，12個の辺を持つグラフである。図15-13は，このグラフの深さ優先探索を行ったときの，プッシュ・ポップの操作，スタック内のデータの変化の過程を示したものである。この深さ優先探索では頂点aから探索を始めている。これによって，得られる深さ優先探索結果の例の1つは以下のようになる。(頂点を選択する基準によって，別の探索結果もあり得る。)

深さ優先探索：a b d f e g i l j h k c

```
Depth-First Search (DFS)
'a'
push (a) STACK[ a ]
'b'
push (b) STACK[ ab ]
'd'
push (d) STACK[ abd ]
'f'
push (f) STACK[ abdf ]
pop  (f) STACK[ abd ]
pop  (d) STACK[ ab ]
'e'
push (e) STACK[ abe ]
'g'
push (g) STACK[ abeg ]
'i'
push (i) STACK[ abegi ]
'l'
push (l) STACK[ abegil ]
'j'
push (j) STACK[ abegilj ]
pop  (j) STACK[ abegil ]
pop  (l) STACK[ abegi ]
pop  (i) STACK[ abeg ]
pop  (g) STACK[ abe ]
'h'
push (h) STACK[ abeh ]
'k'
push (k) STACK[ abehk ]
pop  (k) STACK[ abeh ]
pop  (h) STACK[ abe ]
pop  (e) STACK[ ab ]
pop  (b) STACK[ a ]
'c'
push (c) STACK[ ac ]
pop  (c) STACK[ a ]
pop  (a) STACK[ ]
```

図15-13　深さ優先探索とスタックの状態

ツリーもグラフの一種である。5章では，バイナリサーチツリーの走査について述べた。走査には，（1）行きがけ順走査，（2）通りがけ順走査，（3）帰りがけ順走査の3つがあった。これら3つは深さ優先探索に基づいた走査である。3つの違いは，頂点の値を出力するタイミングが異なるだけである。

### 3.2　幅優先探索（BFS）

幅優先探索（Breadth-First Search; BFS）は，探索を開始する頂点から近くにある頂点を優先的に訪ねていく方法である。

① 頂点に隣接しており，訪問していない頂点があればそれを訪ねる。訪問した頂点にマークをつける。頂点をキューへエンキューする。
② 訪問していない隣接頂点がなく，ステップ①の操作を行えない時は，キューからデキューで頂点を取りだす。取り出した頂点でステップ①の操作を行う。
③ キューに頂点が無くなり，ステップ②の操作ができないときは終了。

図15-14は，図15-12のグラフに対して幅優先探索を行ったときの，エンキュー・デキューの操作，キュー内のデータの変化の過程を示したものである。この幅優先探索では頂点aから探索を始めている。これによって，得られる幅優先探索の結果は以下のようになる。

幅優先探索：a b c d e f g h i j k l

```
Breadth-First Search (BFS)
'a'
```

```
enqueue (a) QUEUE[ a ]
dequeue (a) QUEUE[  ]
'b'
enqueue (b) QUEUE[ b ]
'c'
enqueue (c) QUEUE[ bc ]
dequeue (b) QUEUE[ c ]
'd'
enqueue (d) QUEUE[ cd ]
'e'
enqueue (e) QUEUE[ cde ]
dequeue (c) QUEUE[ de ]
dequeue (d) QUEUE[ e ]
'f'
enqueue (f) QUEUE[ ef ]
dequeue (e) QUEUE[ f ]
'g'
enqueue (g) QUEUE[ fg ]
'h'
enqueue (h) QUEUE[ fgh ]
dequeue (f) QUEUE[ gh ]
dequeue (g) QUEUE[ h ]
'i'
enqueue (i) QUEUE[ hi ]
'j'
enqueue (j) QUEUE[ hij ]
dequeue (h) QUEUE[ ij ]
'k'
enqueue (k) QUEUE[ ijk ]
dequeue (i) QUEUE[ jk ]
'l'
enqueue (l) QUEUE[ jkl ]
dequeue (j) QUEUE[ kl ]
dequeue (k) QUEUE[ l ]
dequeue (l) QUEUE[  ]
```

**図15-14　幅優先探索とキューの状態**

深さ優先探索（図15-13）と幅優先探索（図15-14）では，同じグラフ（図15-12）の例を用いたが，2つの探索では頂点をたどる順序が違うことに注意したい。

直観的には，深さ優先探索では1つの道を進めるだけ進み，進めなくなったら戻って別の道を進んでいく。それに対して，幅優先探索では探索を開始する頂点から隣接する場所にある全ての頂点を訪ね，その後に，より遠くにある頂点へ探索を進めていく。

深さ優先探索と幅優先探索のアルゴリズムは比較的簡単であるが，小さなグラフでもアルゴリズムを手作業でトレース（計算等の過程を追っていくこと）するのは困難な場合もある。ソフトウェアでのトレース例については，（問15.7）と（問15.8）のコードを参考にすること。

## 演習問題

（問15.1）　グラフの重要な2つの要素を答えなさい。

（問15.2）　有向グラフとはどのようなものか答えなさい。

（問15.3）　隣接リストについて説明しなさい。

（問15.4）　隣接リストと隣接行列を，必要なメモリ，探索時間，実装，などの点で比較しなさい。

（問15.5）　グラフに関する主要な探索を2つ答えなさい。

（問15.6）　チャレンジ問題　隣接リストを利用してグラフの情報をメモリに保存するコードを作成しなさい。頂点を加える関数，辺を加える関数を作成すること。

（問15.7）　チャレンジ問題　隣接行列を利用してグラフの情報をメモリに保存するコードを作成しなさい。また，深さ優先探索（Depth-First Search; DFS）を行う関数を作成すること。

（問15.8）　チャレンジ問題　隣接行列を利用してグラフの情報をメモリに保存するコードを作成しなさい。また，幅優先探索（Breadth-First Search; BFS）を行う関数を作成すること。

**解答例**

(解15.1)　頂点と辺。

(解15.2)　辺に方向性があるグラフのこと。

(解15.3)　隣接リスト (adjacency list) は，グラフの頂点と辺をリスト形式で表したもの。なお，隣接行列 (adjacency matrix) は，2つの頂点間に辺が有るか無いかを配列で表現したもの。

(解15.4)

**表15-1　隣接リストと隣接行列の比較**

| | 隣接リスト | 隣接行列 |
|---|---|---|
| 必要なメモリ | 少ない | 大きい |
| 探索時間 | 遅い | 速い |
| 実装 | やや複雑 | 比較的簡単 |

グラフの辺の数を$e$，頂点の数を$v$とした時，密度が低いグラフとは，$e$が$v^2$より小さくなるようなグラフで，密度が高いグラフとは，$e$が$v^2$とほぼ同じになるようなグラフと考えることができる。一般的に，密度の低いグラフでは隣接リストが有利で，密度の高いグラフでは，隣接行列が有利である。

(解15.5)　深さ優先探索 (Depth-First Search; DFS) と幅優先探索 (Breadth-First Search; BFS)。

（解15.6）　Web補助教材のコード例などを参考にすること（q15-1.c）。†

（解15.7）　Web補助教材のコード例などを参考にすること（q15-2.c）。†

（解15.8）　Web補助教材のコード例などを参考にすること（q15-3.c）。†

†：グラフに関連した問題を解くためのコードは様々な設計が考えられる。グラフに関する演習問題（問15.6），（問15.7），（問15.8）の解答例のコードは必ずしも汎用性のあるものではないので注意すること。

# 付録

## 1. Web補助教材と正誤表

放送大学の学生の方はシステムWAKABAへログインして，本科目のWeb補助教材や正誤表を参照して下さい。放送大学の学生でない方は著者Webページ等を参考にして下さい。

・放送大学システムWAKABA　https://www.wakaba.ouj.ac.jp/portal/
・著者のページ　https://sites.google.com/site/compsciouj/

※上記Webページは2018年現在のものです。Webページが見つからない場合は「放送大学　データ構造とプログラミング」で検索をして下さい。

## 2. 開発環境

様々なOSでC言語のコンパイラを利用できます。インストール方法はWebや書籍等を参考にして下さい。仮想化ソフトウェア・パッケージのOracle VM VirtualBox（https://www.virtualbox.org/）も便利です。

○Linux（Fedora，Ubuntu等）
・gcc
・clang

gccと関連のツールは，Fedoraでは，

```
sudo dnf group install "C Development Tools and Libraries"
```

Ubuntuでは，

```
sudo apt-get install build-essential
```

といったコマンドでインストールできます。

○Windows

・Cygwin

・MinGW

・Microsoft Visual Studio

・LSI C-86

○macOS，OS X，Mac OS X

・Apple Developers Tools（Xcode等を含む）

▶オンライン・コンパイラと呼ばれるようなサービスを利用すれば，Webページからコードをコンパイルし実行できます。オンライン・コンパイラは有償・無償のものが国内外で提供されています。

▶Raspberry Pi等のシングルボードコンピュータと呼ばれる低価格（数千円程度）なコンピュータを利用してC言語のコードを実験することができます。高速とは言えませんが，本書のほとんどのサンプルコードを実行することができます。

▶C言語のコードは，cb（C program beautifier）や，indent（GNU indent; beautify C code）と呼ばれるプログラムで整形することができます。Web補助教材のコードは好みのスタイルに変換して使用してください。

▶プログラミングに対応した高機能なエディタが多数あるので利用してください。(Visual Studio Code, Atom, MIFES, Emacs, Mule, vi, Vim, Gedit, Notepad++, Sublime Text, 等)
▶本科目では利用しませんが, Git (ギット), GitHub (ギットハブ) 系のツール等のコードのバージョン管理についても学習しましょう。

## 3. データ構造, アルゴリズムの学習に役立つ書籍


1. The Art of Computer Programming, Volume 1, Fundamental Algorithms, Third Edition, 日本語版, Donald E. Knuth (著), 有澤誠 (監訳), 和田英一 (監訳), 青木孝 (訳), 筧一彦 (訳), 鈴木健一 (訳), 長尾高弘 (翻訳), アスキー, 2004年, ISBN: 978-4-7561-4411-9
2. The Art of Computer Programming, Volume 1, Fascicle 1 MMIX-A RISC Computer for the New Millennium, 日本語版, Donald E. Knuth (著), 有澤誠 (監訳), 和田英一 (監訳), アスキー, 2006年, ISBN: 978-4-7561-4712-7
3. The Art of Computer Programming, Volume 2, Seminumerical algorithms, Third Edition 日本語版, Donald E. Knuth (著), 有澤誠 (監訳), 和田英一 (監訳), 斎藤博昭 (訳), 長尾高弘 (訳), 松井祥悟 (訳), 松井孝雄 (訳), 山内斉 (訳), アスキー, 2004年, ISBN: 978-4-7561-4543-7
4. The Art of Computer Programming, Volume 3, Sorting and Searching, Second Edition 日本語版, Donald E. Knuth (著), 有澤誠 (監訳), 和田英一 (監訳), アスキー, 2006年, ISBN: 978-4-7561-4614-4

5. The Art of Computer Programming, Volume 4, Fascicle 2: Generating All Tuples and Permutations, 日本語版, Donald E. Knuth（著）, 有澤誠（監訳）, 和田英一（監訳）, アスキー, 2006年, ISBN: 978-4-7561-4820-9
6. アルゴリズムとデータ構造, N. ヴィルト（著）, 浦昭二（翻訳）, 国府方久史（翻訳）, Niklaus Wirth（著）, 近代科学社, 1990年, ISBN-13: 978-4764901629
7. アルゴリズムとデータ構造, (岩波講座ソフトウェア科学 3), 石畑清（著）, 岩波書店, 1989年, ISBN-13: 978-4000103435
8. アルゴリズムC++, ロバート セジウィック（著）, Robert Sedgewick（原著）, 野下浩平（翻訳）, 佐藤創（翻訳）, 星守（翻訳）, 田口東（翻訳）, 近代科学社, 1994, ISBN-13: 978-4764902220

## 4. C言語の学習に役立つ書籍

1. プログラミング言語C, 第2版, B.W. カーニハン（著）, D.M. リッチー（著）, 石田晴久（翻訳）, 共立出版, 1989年, ISBN-13: 978-4320026926
2. やさしいC, 高橋麻奈, SBクリエイティブ, 2007年, ISBN-13: 978-4797370980
3. 苦しんで覚えるC言語, MMGames, 秀和システム, 2011年, ISBN-13: 978-4798030142

## 5. その他

1. POV-Rayによる3次元CG制作 —モデリングからアニメーションまで—, 鈴木広隆, 倉田和夫, 画像情報教育振興協会, 2016年, ISBN-13: 978-4903474199

**2.** POV-Rayで学ぶはじめての3DCG制作 ―つくって身につく基本スキル―，松下孝太郎（著），山本光（著），柳川和徳（著），鈴木一史（著），星和磨（著），羽入敏樹（著），講談社，2017年，ISBN-13: 978-4061538276

# 索引

●配列は五十音順

●さ 行

●た　行



●な　行



●は　行

●ま 行

●や　行



●ら　行



●わ　行

# 著者紹介

## 鈴木　一史（すずき・もとふみ）

1970年　千葉県成田市生まれ
1994年　米国ユタ州立大学コンピュータサイエンス学部
　　　　サイエンス科（B.Sci.）卒業
1997年　筑波大学大学院修士課程理工学研究科理工学修了
2000年　筑波大学大学院博士課程工学研究科電子情報工学修了
　　　　（工学博士）
2000年　文部科学省大学共同利用機関メディア教育開発センター
　　　　助手
2005年　独立行政法人メディア教育開発センター助教授
2007年　独立行政法人メディア教育開発センター准教授
2009年　放送大学ICT活用遠隔教育センター准教授
2013年　放送大学教育支援センター准教授
2017年　放送大学教養学部准教授
2019年　放送大学教養学部教授（現在に至る）
専攻　　計算機科学
主な著書　アルゴリズムとプログラミング
　　　　（放送大学教育振興会、2020年）
　　　　デジタル情報の処理と認識
　　　　（共著、放送大学教育振興会、2012年）
　　　　POV-Rayで学ぶ はじめての3DCG制作
　　　　（共著、講談社、2017年）

放送大学教材　1570277-1-1811（テレビ）

改訂版　データ構造とプログラミング

発　行　2018年3月20日　第1刷
　　　　2022年1月20日　第3刷
著　者　鈴木一史
発行所　一般財団法人　放送大学教育振興会
　　　　〒105-0001　東京都港区虎ノ門1-14-1　郵政福祉琴平ビル
　　　　電話 03（3502）2750

市販用は放送大学教材と同じ内容です。定価はカバーに表示してあります。
落丁本・乱丁本はお取り替えいたします。

Printed in Japan　ISBN978-4-595-31890-0　C1355